交通运输企业安全生产标准化评价实施细则

2020

交通运输建筑施工企业

安全生产标准化评价实施细则

《交通运输建筑施工企业安全生产标准化评价实施细则》编写组 编

交通运输部安全委员会办公室 审定

人民交通出版社股份有限公司
China Communications Press Co.,Ltd.

内 容 提 要

本书详细介绍了交通运输建筑施工企业安全生产标准化评价办法，适合交通运输建筑施工企业安全生产管理人员学习使用，也可供交通运输建筑施工企业安全生产标准化评审员学习参考。

图书在版编目(CIP)数据

交通运输建筑施工企业安全生产标准化评价实施细则/《交通运输建筑施工企业安全生产标准化评价实施细则》编写组编. —北京：人民交通出版社股份有限公司，2019.3

ISBN 978-7-114-14964-1

Ⅰ.①交… Ⅱ.①交… Ⅲ.①交通运输企业—企业管理—安全生产—标准化管理—中国 ②建筑施工企业—企业管理—安全生产—标准化管理—中国 Ⅳ.①F512.6 ②TU714

中国版本图书馆 CIP 数据核字(2019)第 025841 号

Jiaotong Yunshu Jianzhu Shigong Qiye Anquan Shengchan Biaozhunhua Pingjia Shishi Xizhe

书　　名：**交通运输建筑施工企业安全生产标准化评价实施细则**
著 作 者：《交通运输建筑施工企业安全生产标准化评价实施细则》编写组
责任编辑：何　亮　刘　博
责任校对：刘　芹
责任印制：刘高彤
出版发行：人民交通出版社股份有限公司
地　　址：(100011)北京市朝阳区安定门外外馆斜街 3 号
网　　址：http://www.ccpress.com.cn
销售电话：(010)59757973
总 经 销：人民交通出版社股份有限公司发行部
经　　销：各地新华书店
印　　刷：北京印匠彩色印刷有限公司
开　　本：787×1092　1/16
印　　张：9.5
字　　数：160 千
版　　次：2019 年 3 月　第 1 版
印　　次：2020 年 5 月　第 2 次印刷
书　　号：ISBN 978-7-114-14964-1
定　　价：35.00 元

丛书编委会

技术支持

中国船级社

交通运输部水运科学研究院

北京市交通委员会

中交第四公路工程局有限公司

北京中平科学技术院

前　言 QIANYAN

交通运输安全生产是我国安全生产的重要组成部分，与经济社会健康发展和人民群众获得感、幸福感、安全感息息相关。在建设安全便捷、畅通高效、绿色智能现代综合交通运输体系过程中，交通运输行业必须始终牢固树立以人民为中心的发展理念，始终将安全工作放在首位，坚持改革创新，坚持安全发展，进一步增强做好安全工作的责任感、使命感和紧迫感，采取切实有效的工作措施，筑牢安全生产防线，确保交通运输事业发展长治久安。

6年来，交通运输行业积极推进企业安全生产标准化建设，取得了一系列成效：一是明确界定了企业落实安全生产主体责任的内涵和要求，让大家知道安全生产管什么、怎么管、达到什么要求，推动企业安全生产工作逐步规范，事故水平持续下降，显著提升了行业安全生产水平；二是强化了行业管理部门安全监管工作，丰富了安全监管手段，增强了安全监管工作的针对性，为部门实施安全生产分类指导、分级监管提供重要依据；三是为管理部门监督检查工作提供了相关标准和清单，推动实现精细化、清单化监管。

为进一步加强和推进交通运输行业安全生产标准化建设工作，交通运输部2016年7月26日印发了《交通运输企业安全生产标准化建设评价管理办法》（交安监发〔2016〕133号），进一步优化完善了企业安全生产标准化建设工作机制；2018年5月1日起，相继颁布了《交通运输企业安全生产标准化建设基本规范》一系列行业标准，将原考评指标上升为行业规范，有效提升了标准化建设工作的科学性、专业性和指导性。为做好新标准的实施，我们组织标准起草单位和专家编制了系列标准的实施细则和汽车租赁、巡游出租车、港口罐区和港口理货仓储等领域的安全生产标准化建设试行细则。

《交通运输建筑施工企业安全生产标准化评价实施细则》由程昊担任主编，穆勇、孟俊芳、刘海英担任副主编，王成、王毅、王芳成、王林国、王起开、王晓芳、王夕君、任文超、刘凯峰、杨康康、肖殿良、吴冰、张工、张斌、张文卷、张世宇、岳志贤、赵薇、高永峰、郭瑞、郭鹏、程月、霍俊晨、王姝妍、王谦、乔玉祥、李龙、李金霞、范强、周烨、马路瑶、郭萌贤参与编写。

新编制的《交通运输建筑施工企业安全生产标准化评价实施细则》力求科学严谨、精准精细、便于操作。但由于编写安排进度较紧，难免出现一些错误和问题，希望大家积极批评指正，为交通运输企业安全生产标准化建设基本规范和实施细则的优化、完善贡献力量，持续推进行业安全发展，为交通强国建设保驾护航！

编委会

2018 年 11 月

目　录 MULU

第一章　交通运输建筑施工企业安全生产标准化评价实施细则

评价类目	评价项目	释义	评价方法	标准分值	评价标准		得分
					扣分项	否决项	
一、目标与考核（50分）	①企业应结合实际制定安全生产目标。安全生产目标应： a.符合或严于相关法律法规的要求； b.形成文件，并得到本企业所有从业人员的贯彻和实施； c.与企业的职业安全健康风险相适应； d.具有可考核性，体现企业持续改进的承诺； e.便于企业员工及相关方获得	安全生产目标，是在一定条件下，一定时间内完成安全活动所达到的某一预期目的的指标。安全生产目标的制定应切合企业实际，要求内容明确、具体、量化，有时限性。 安全生产目标应以文件形式正式发布，使全体员工和相关方获知	**查资料：** 1.安全生产目标； 2.发布安全生产目标的文件； 3.贯彻和实施安全生产目标的相关资料。 **询问：** 抽查10%的企业员工（至少5～15人）是否了解本企业安全生产目标。 **现场检查：** 安全生产目标是否充分公开，便于企业员工及相关方获得	10 ★★★	1.企业制定的安全生产目标应符合要求； 2.企业安全生产目标应以文件形式发布、贯彻和实施； 3.企业安全生产目标应便于员工及相关方获得； 4.抽查企业员工应了解本企业制定的安全生产目标		

续上表

评价类目	评价项目	释义	评价方法	标准分值	评价标准		得分
					扣分项	否决项	
一、目标与考核(50分)	②企业应根据安全生产目标制定可考核的安全生产工作指标,安全生产工作指标应不低于上级下达的安全生产目标	安全生产工作指标:指量化的安全生产指标,又称控制指标。对安全生产目标进行量化,使其更具体化、更有针对性,便于企业对安全生产目标的实施、考核和统计的开展。企业制定的指标应不低于上级有关部门下达的安全考核指标,并且符合法律法规的要求。 安全生产工作指标可考虑责任事故率、设备设施完好率、持证上岗率、安全隐患整改率等	**查资料:** 1. 查安全生产工作指标的文件,指标应可考核; 2. 查上级单位下达的安全生产目标	5	1. 未制定可考核的安全生产工作指标,不得分; 2. 制定的安全生产工作指标低于上级单位下达的安全生产目标,不得分; 3. 制定的安全生产工作指标不合理、与企业实际情况不符,每处扣1分,扣完为止		

续上表

评价类目	评价项目	释义	评价方法	标准分值	评价标准		得分
					扣分项	否决项	
一、目标与考核(50分)	③企业应制定实现安全生产目标和工作指标的措施	企业安全生产目标和工作指标明确后，要有一系列的措施来保证安全生产目标和工作指标的实现。措施的制定应该具体、责任明确。 措施一般包括：完善安全管理机构，明确安全生产责任，资金保障、建立安全生产制度体系，安全教育与培训，设备设施维护，应急训练与演习等	**查资料：** 查企业实现安全生产目标和工作指标的措施文件	10	1. 未制定实现安全生产目标和工作指标的措施，不得分； 2. 制定的实现安全生产目标和工作的指标的措施不具体、不可行或责任不明确，每项扣1分		
	④企业应制定安全生产年度计划和专项活动方案，并严格执行	企业应按照规划，逐年推进安全生产工作，针对突出的安全生产问题，通过制定年度计划和年度专项活动方案，进一步细化工作安排，使其更具有针对性和操作性。 专项方案内容包括指导思想、活动主题、组织机构、工作目标、时间节点与具体活动内容等	**查资料：** 1. 查企业安全生产年度计划和专项活动方案； 2. 查企业安全生产年度计划和专项活动方案执行的相关记录和总结材料等	10	1. 未制定安全生产年度计划，扣3分； 2. 未制定安全生产专项活动方案，扣2分； 3. 执行安全生产年度计划和专项活动的记录和总结材料不完整等，每项扣1分		

续上表

评价类目	评价项目	释义	评价方法	标准分值	评价标准		得分
					扣分项	否决项	
一、目标与考核(50分)	⑤企业应将安全生产工作指标进行细化和分解，制定阶段性的安全生产控制指标，并予以考核	企业要结合实际，按照组织结构及下属单位在安全生产中可能面临的风险大小，将企业年度的安全生产工作目标转化成阶段性的安全生产控制指标，并逐级细化分解，落实到每个单位、部门，班组和岗位。通过对指标进行考核，以激励全体职工的积极性，从而保证指标的完成	**查资料：** 1. 查细化和分解后的安全生产工作指标，应根据企业实际情况进行细化并分解到各基层单位、部门和岗位； 2. 查企业制定的阶段性安全生产控制指标； 3. 查各项安全生产工作指标的考核记录	5	1. 未细化和分解安全生产工作指标，扣2分； 2. 工作指标细化和分解不合理、不符合企业实际情况或不完善，每处扣1分； 3. 未制定阶段性的安全生产控制指标，扣1分； 4. 未对指标完成情况进行考核或考核不完整、不合理的，每项扣1分		

续上表

评价类目	评价项目	释　义	评价方法	标准分值	评价标准		得分
					扣分项	否决项	
一、目标与考核(50分)	⑥企业应建立安全生产目标考核与奖惩的相关制度，并定期对安全生产目标完成情况予以考核与奖惩	考核奖惩是提升安全管理最有效方法之一。 激励约束、奖优罚劣，企业要制定相应的规章制度或管理办法明确考核与奖惩的程序和要求。 制度应当明确考核、奖惩的对象，考核的时限，考核的程序与方法，考核的具体内容，奖惩条件等，并要明确考核的责任部门，保证考核和奖惩工作的实施。 安全生产考核与奖惩要规范、合理、有效实施。 企业要根据安全生产目标考核与奖惩制度的规定，对所有安全生产部门和岗位目标完成情况进行考核，重点考核企业安全生产主要负责人(项目负责人)，定期一般分为月度跟踪、季度分析、半年检查和年度考核，并奖惩兑现	**查资料：** 1. 查安全生产目标考核与奖惩管理规定； 2. 查目标考核记录文件； 3. 查安全生产目标考核奖惩兑现证明材料	10	1. 未制定安全生产目标与奖惩管理规定，扣3分； 2. 安全生产目标与奖惩管理制度未以文件形式发布的，扣2分； 3. 制定的安全生产目标与奖惩制度内容不匹配，扣1～2分； 4. 未进行安全生产目标考核或奖惩的，扣3分		

续上表

评价类目	评价项目		释义	评价方法	标准分值	评价标准		得分
						扣分项	否决项	
二、管理机构与人员(70分)	1.安全生产管理机构	①企业应设置独立的安全生产监督管理部门	安全生产管理机构是企业内部设置的对安全生产工作进行综合协调和监督的综合管理部门。 《中华人民共和国安全生产法》明确了生产经营单位安全生产管理机构的设置要求、应当履行的职责的规定。 矿山、金属冶炼、建筑施工、道路运输单位和危险物品的生产、经营、储存单位,应当设置安全生产管理机构或者配备专职安全生产管理人员,其他生产经营单位从业人员超过100人的,应当设置安全生产管理机构或者配备专职安全生产管理人员;从业人员在100人以下的,应当配备专职或者兼职的安全生产管理人员。各省市安全生产有特别规定的,从其规定	**查资料:** 1.查看企业设置安全生产管理机构或者配备专职安全生产管理人员的文件; 2.管理机构或者配备专职的安全生产管理人员的设置是否满足《中华人民共和国安全生产法》和《建设工程安全生产管理条例》等相关要求;是否明确安全生产管理机构或专职安全生产管理人员的职责。 **询问:** 安全生产管理部门负责人对本部门履行的职责是否熟知。 **抽查过程记录:** 查看部门设置文件下发记录	15 ★★★	1.企业应按规定设置安全生产管理机构或者配备专职安全生产管理人员,设置应与企业规模相适应; 2.应明确安全生产管理机构或者专职安全生产管理人员的职责; 3.安全生产监督管理部门设置应以文件形式明确; 4.专职安全生产管理人员应持有效证件		

续上表

评价类目	评价项目		释　义	评价方法	标准分值	评价标准		得分
						扣分项	否决项	
二、管理机构与人员(70分)	1.安全生产管理机构	②企业至少每季度应召开一次安全生产委员会会议	安全生产委员会会议，由安全生产领导机构定期组织召开，安全生产领导机构全体成员参加，主要研究解决安全生产中的重大问题，安排阶段性安全生产工作。 企业主要负责人为安全生产委员会主任，并是本企业安全生产第一责任人，对本企业安全生产工作负全面组织领导、管理责任和法律责任，履行安全生产的责任和义务。	**查资料：** 1. 查看安全生产委员会成立文件；查看安全生产委员会会议记录或纪要文件；查看会议通知及会议签到表、影像资料； 2. 安全生产工作汇报资料。 **询问：** 1. 主要负责人对安全职责是否熟悉，对本单位安全生产的掌握情况； 2. 安全生产委员会办公室是否根据工作机制规定定期组织召开安全生产委员会会议；	15 AR	1. 未按规定成立安全生产委员会扣5分；未按制度要求定期召开安全生产委员会会议，每缺少一次安全生产委员会扣2分； 2. 安全生产会议无纪要(记录)或纪要(记录)不全，发现一次扣1分； 3. 企业作出涉及安全生产的经营决策，未按规定通过安全生产委员会相应会议决策的，扣1～4分； 4. 无安全生产会议签到表的，每少一次扣1分；		

续上表

评价类目	评价项目		释义	评价方法	标准分值	评价标准		得分
						扣分项	否决项	
二、管理机构与人员(70分)	1.安全生产管理机构		每季度至少召开一次安全生产委员会会议。遇有特殊情况和发生事故、险情时应及时召开安全分析通报会议。安全生产委员会会议应当有会议记录或纪要	3.对企业作出涉及安全生产的经营决策,是否通过安全生产委员会会议决策。 **抽查过程记录:** 查看会议纪要(或会议记录)发放记录		5.主要负责人或分管安全生产负责人未参加安全生产委员会会议,每少一次扣2分		

续上表

评价类目	评价项目		释　　义	评价方法	标准分值	评价标准		得分
						扣分项	否决项	
二、管理机构与人员（70分）	2.管理人员配备	①企业应设置主管安全生产的负责人	企业主管安全生产工作的负责人协助主要负责人落实安全生产各项法律、法规、标准，统筹协调和综合管理企业的安全生产工作，对企业安全生产工作负综合管理领导责任。 企业主管安全生产负责人应为企业的副总裁或副总经理或技术负责人	**查资料：** 查看企业设置主管安全生产负责人（姓名、职务）的任命文件及岗位任职条件、安全管理人员考核合格资格证书等。 1. 岗位设置是否满足《建筑施工企业安全生产管理机构设置及专职安全生产管理人员配备办法》等有关要求； 2. 是否明确其安全工作职责。 **询问：** 1. 企业主管安全生产负责人对安全工作职责是否熟悉；	15 ★★	1. 企业负责人中未设置主管安全生产的负责人，扣10分； 2. 未明确企业主管安全生产负责人的安全工作职责或职责不合理的，扣1～3分； 3. 不能提供聘用（任命）文件、聘书或任职资格证书等资料不全，扣1～2分		

续上表

评价类目	评价项目		释义	评价方法	标准分值	评价标准		得分
						扣分项	否决项	
二、管理机构与人员(70分)	2.管理人员配备			2. 企业主管安全生产负责人对本单位安全生产管理情况的掌握情况。 **抽查过程记录:** 岗位设置要求及应当履行的职责规定				
		②企业应设置安全总监,安全总监并应持有国家注册安全工程师证书	企业安全总监,负责统筹协调和监督企业的安全生产管理工作。 设置安全总监,实行安全总监制,旨在进一步落实安全生产责任制,强化生产安全监督管理,加强安全生产监管队伍建设,以逐步形成相对独立、责权明晰、运行高效的安全生产监管体系。	**查资料:** 查看企业安全总监(姓名、职务)任命文件及其相应的任职资格证书。包括安全总监岗位设置、职责情况是否满足岗位设置要求。	10	1. 企业未设置安全总监的,不得分; 2. 企业安全总监未持有效安全生产考核合格证书的,扣3分; 3. 企业安全总监没有取得国家注册安全工程师证书,扣2分; 4. 未明确企业安全总监安全工作职责,扣3分;		

续上表

评价类目	评价项目		释义	评价方法	标准分值	评价标准		得分
						扣分项	否决项	
二、管理机构与人员(70分)	2.管理人员配备		安全总监应持有效的安全生产考核证书:交安C证	**询问:** 1.企业安全总监对工作职能是否熟悉; 2.企业安全总监对本单位安全生产管理情况的掌握情况。 **抽查过程记录:** 1.岗位设置要求及应当履行的职责规定; 2.企业安全总监的国家注册安全工程师证书的登记注册情况		5.安全总监不能提供聘用(任命)文件或保存资料不全,扣1~2分		

续上表

评价类目	评价项目		释义	评价方法	标准分值	评价标准		得分
						扣分项	否决项	
二、管理机构与人员(70分)	2. 管理人员配备	③公路水运工程施工企业主要负责人和安全生产管理人员应持有相关部门、行业颁发的安全生产考核合格证书	《公路水运工程施工企业主要负责人和安全生产管理人员考核管理办法》规定:施工企业主要负责人是指对本企业生产经营活动、安全生产工作具有决策权的负责人,以及具体分管安全生产工作的负责人、企业技术负责人。施工企业安全生产管理人员(简称“安管人员”)是指企业授权的工程项目负责人、具体分管项目安全生产工作的负责人、项目技术负责人以及企业或工程项目专职从事安全生产工作的管理人员。	**查资料:** 1. 查看企业主要负责人和安全生产管理人员安全生产考核合格证书以及持证上岗情况; 2. 查看主要负责人和安全生产管理人员信息台账。 **询问:** 企业主要负责人和安全生产管理人员是否参加继续教育学习。 **抽查过程记录:** 1. 安全生产管理人员的劳动合同及岗位任命文件;	15 ★★★	1. 企业主要负责人和安全生产管理人员应按规定持有效的安全生产考核合格证书; 2. 企业应提供安全生产管理人员劳动合同、任命(聘用)文件等证明资料; 3. 企业主要负责人和安全生产管理人员应按规定参加继续教育学习,同时考核合格并对证书进行复审		

续上表

评价类目	评价项目		释义	评价方法	标准分值	评价标准		得分
						扣分项	否决项	
二、管理机构与人员(70分)	2. 管理人员配备		安全生产管理人员应具备从事公路水运工程安全生产管理工作必要的安全生产知识和管理能力,与施工企业存在劳动关系,被正式任命或授权任命相关职务及岗位的在岗人员。主要负责人和安全生产管理人员应经考核部门考核合格,取得安全生产考核合格证书,并按规定参加继续教育培训	2. 查看企业主要负责人和安全生产管理人员每年参加安全生产管理人员继续教育培训情况的记录				

续上表

评价类目	评价项目	释义	评价方法	标准分值	评价标准		得分
					扣分项	否决项	
三、安全责任体系(90分)	①企业主管生产的负责人应统筹组织生产过程中各项安全生产制度和措施的落实,完善安全生产条件,对企业安全生产工作负重要领导责任	在《中央企业安全生产监督管理暂行办法》等文件中,规定要求企业主管生产的负责人统筹组织生产过程中各项安全生产制度和措施的落实,完善安全生产条件,对企业安全生产工作负重要领导责任。 根据“管生产必须管安全”的原则,企业必须按国家法律、法规和有关规定,结合本单位具体情况,明确主管生产的负责人的安全生产责任	**查资料:** 1. 查看主管生产的负责人的安全职责,是否明确企业主管生产的负责人对本单位安全生产工作负重要领导责任; 2. 查看企业主管生产的负责人按规定履行职责的记录。 **询问:** 1. 企业主管生产的负责人是否熟悉其安全生产职责; 2. 企业主管生产的负责人对本单位生产安全工作的了解情况。	20	1. 企业主管生产的负责人的岗位安全职责不明确,扣5分; 2. 企业主管生产的负责人不明确对本企业安全生产工作负重要领导责任,扣5分; 3. 抽查企业主管生产的负责人履职的有关记录,出现未履职现象,扣5～10分		

续上表

评价类目	评价项目	释义	评价方法	标准分值	评价标准		得分
					扣分项	否决项	
三、安全责任体系(90分)			**抽查过程记录：** 查企业主管生产的负责人履职的有关记录，如参加安全生产委员会会议记录、应急响应记录、带队检查记录等				
	②企业主管安全生产的负责人应协助企业安全生产第一责任人落实各项安全生产法律法规、标准，统筹协调和综合管理安全生产工作，对企业安全生产工作负综合管理领导责任	《中央企业安全生产监督管理暂行办法》等规定要求：企业主管安全生产工作的负责人协助主要负责人落实各项安全生产法律法规、标准，统筹协调和综合管理企业的安全生产工作，对企业安全生产工作负综合管理领导责任	**查资料：** 1. 查看企业主管安全生产的负责人的岗位安全职责；是否明确企业主管安全生产的负责人对分管范围内的安全生产工作负综合管理领导责任； 2. 查看企业主管安全生产的负责人按规定履行职责的记录。	30	1. 企业主管安全生产的负责人的岗位安全职责未明确，扣10分； 2. 企业主管安全生产的负责人对分管范围内的安全生产工作负综合管理领导责任未明确，扣5分； 3. 抽查企业主管安全生产的负责人不熟悉其安全生产职责，扣5分；		

续上表

评价类目	评价项目	释义	评价方法	标准分值	评价标准		得分
					扣分项	否决项	
三、安全责任体系(90分)			**询问:** 1. 企业主管安全生产的负责人是否熟悉其安全生产主要职责; 2. 企业主管安全生产的负责人对本单位安全生产工作的了解情况。 **抽查过程记录:** 查企业主管安全生产的负责人履职的有关记录,如参加安全生产委员会会议记录、应急响应记录、监督检查记录等		4. 抽查企业主管安全生产的负责人履职的有关记录,出现未履职现象,扣2~10分		

续上表

评价类目	评价项目	释义	评价方法	标准分值	评价标准		得分
					扣分项	否决项	
三、安全责任体系(90分)	③企业技术负责人和其他负责人应按照分工抓好主管范围内的安全生产工作,对主管范围内的生产工作负领导责任	《中央企业安全生产监督管理暂行办法》等规定要求:企业其他负责人应当按照分工抓好主管范围内的安全生产工作,对主管范围内的安全生产工作负领导责任	**查资料:** 1. 查看技术负责人和其他负责人的岗位安全职责,企业技术负责人和其他负责人对各自分管范围内的安全生产工作负领导管理责任是否明确; 2. 企业技术负责人和其他负责人按规定履行职责的记录。 **询问:** 1. 企业技术负责人和其他负责人是否熟悉其安全生产主要职责; 2. 企业技术负责人和其他负责人对本单位安全生产工作的了解情况。	20	1. 企业技术负责人和其他负责人的岗位安全职责未明确,扣5分; 2. 企业技术负责人和其他负责人对分管范围内的安全生产工作负领导管理责任未明确,扣5分; 3. 抽查企业其他负责人不熟悉其安全生产职责,扣5分; 4. 抽查企业技术负责人和其他负责人履职的有关记录,出现未履职现象,扣1~5分		

续上表

评价类目	评价项目	释义	评价方法	标准分值	评价标准		得分
					扣分项	否决项	
三、安全责任体系(90分)			**抽查过程记录:** 查企业技术负责人和其他负责人履职的有关记录,如带队检查记录,其他活动记录中是否体现安全履职				
	④企业从业人员应对本岗位工作范围内的安全生产工作负责	国务院安全生产委员会办公室《关于全面加强企业全员安全生产责任制工作的通知》要求:明确所有层级、各类岗位从业人员的安全生产责任,建立起安全生产工作“层层负责、人人有责、各负其责”的工作体系;明确从主要负责人到一线从业人员(含劳务派遣人员、实习学生等)的安全生产责任、责任范围和考核标准。安全生产责任制应覆盖本企业所有组织和岗位。	**查资料:** 1.查看企业明确从业人员实行“一岗双责”的有关文件资料,是否明确从业人员的安全生产职责; 2.查看与从业人员签订的《安全生产责任书》文件,抽查从业人员按规定履行安全生产职责的记录;	20 AR	1.未提供企业落实“一岗双责”的有关评价文件资料、未明确从业人员的安全生产职责,不得分;各部门或岗位安全生产职责不清的,每处扣1分,最多扣4分; 2.未与从业人员签订《安全生产责任书》,扣4分;		

续上表

评价类目	评价项目	释义	评价方法	标准分值	评价标准		得分
					扣分项	否决项	
三、安全责任体系(90分)		企业实行安全生产"一岗双责",是指每个岗位从业人员不仅要对所在岗位承担的具体业务工作负责,还要对所在岗位相应的安全生产负责。 《中华人民共和国安全生产法》明确了从业人员的安全生产权利义务。按照"一岗双责"制,企业所有从业人员应对本岗位工作范围内的安全生产工作负责。 《中华人民共和国安全生产法》规定:生产经营单位的安全生产责任制应当明确各岗位的责任人员、责任范围和考核标准等内容。 生产经营单位应当建立相应的机制,加强对安全生产责任制落实情况的监督考核,保证安全生产责任制的落实	3. 查看企业全员安全生产责任制考核评价结果,及公布评价结果、奖惩兑现记录。 **询问:** 抽查从业人员是否熟悉其安全生产主要职责		3. 抽查从业人员不熟悉其安全生产主要职责,每人扣1分,最多扣4分; 4. 未提供从业人员安全生产履职的有关记录,出现未履职现象,扣1~4分; 5. 未提供企业定期对从业人员落实安全生产责任制评价结果和奖惩记录,扣4分,评价结果未定期公布的,扣1分		

续上表

评价类目	评价项目		释义	评价方法	标准分值	评价标准		得分
						扣分项	否决项	
四、资质、法律法规和安全管理制度(80分)	1.资质	①企业的《资质证书》《安全生产许可证》等应合法有效,应在资质规定的范围内承包工程,不得超越承包范围	《企业法人营业执照》《资质证书》和《安全生产许可证》是企业合法经营及在一定的范围内具备何种生产能力的凭证。无证或证书未及时进行年检或超越资质等级承接工程的都属于违法行为。 《企业法人营业执照》每年复审一次,《安全生产许可证》每三年复审一次,《企业安全生产标准化达标等级证书》每三年复审一次	**查资料:** 核查《企业法人经营执照》《资质证书》《安全生产许可证》是否在有效期内,经营范围是否符合要求。 **抽查过程记录:** 1. 查看各类证书的取证、续证、登记和借用台账等记录; 2. 抽查工程合同,包括主体合同及分包合同	5 ★★★	1.《企业法人经营执照》《资质证书》《安全生产许可证》经营范围应符合要求,及时年审; 2. 企业应按资质规定组织工程建设施工,不得违规转包、分包或以包代管; 3. 企业应提供各类证书登记和使用记录台账		

续上表

评价类目	评价项目		释义	评价方法	标准分值	评价标准		得分
						扣分项	否决项	
四、资质、法律法规和安全管理制度(80分)	1.资质	②企业宜通过安全生产管理体系等相关的认证	企业宜取得质量管理体系、环境管理体系、职业健康安全管理体系认证。 ISO 9001 为质量管理体系,ISO 14001 为环境管理体系,OHSAS18000 为职业健康安全管理体系	**查资料:** 1. 企业开展贯标体系认证工作,管理体系内部审核与外部审核记录; 2. 查看取得 ISO 9001、ISO 14001 和 OHSAS18000 认证证书原件。 **抽查过程记录:** 查看企业开展安全生产管理体系的学习培训、内审员取证等记录	5	1. 未开展安全生产管理体系认证的审核活动或无相关审核记录,扣5分; 2. ISO 9001、ISO 14001 或 OHSAS18000 认证证书未更新或换版不及时,扣3分		

续上表

评价类目	评价项目		释义	评价方法	标准分值	评价标准		得分
						扣分项	否决项	
四、资质、法律法规和安全管理制度(80分)	2.法律法规与标准规范	企业每年应至少对适用的安全生产法律、法规、标准及其他要求文件进行一次符合性评价	企业应及时识别和获取本企业适用的安全生产法律法规、标准规范,并跟踪、掌握有关法律法规、标准规范的修订情况。 企业每年至少一次组织对安全生产法律法规、标准规范、规章制度、操作规程等执行情况进行检查,并根据检查结果对适用性文件进行符合评价,废止过期、不实用的文件,补充新的要求	**查资料:** 1.适用的法律法规、标准及其他要求的清单、文本(或电子)档案、台账或数据库等,并定期更新、发布的记录; 2.查看对适用的安全生产法律、法规、标准及其他要求的遵循情况进行符合性评价报告、记录; 3.对评价出的不符合项进行分析,制定改进计划和措施的记录。 **询问:** 有关人员对法律、法规和标准规范的了解、掌握情况。 **抽查过程记录:** 查看参与符合性评价的相关职能部门审核签字记录	10	1.无安全生产法律法规清单、相关文本、电子文档的,扣3分;存在过期、失效、遗漏、不适用的,每处扣0.5分,最多扣3分; 2.无安全生产法规符合性评价记录,扣4分; 3.对评价出的不符合项未制定改进计划和措施的,扣2分; 4.相关职能部门不能提供符合性评价的审核签字记录等资料,扣1分		

续上表

评价类目	评价项目		释义	评价方法	标准分值	评价标准		得分
						扣分项	否决项	
四、资质、法律法规和安全管理制度（80分）	3.安全管理制度	①企业应制定符合法律法规、标准、条例以及企业实际的安全管理制度，包括安全生产责任制、安全生产例会制度、安全生产检查制度、安全生产教育培训制度、安全生产费用管理制度、危险作业安全管理制度、相关方安全生产监督管理制度、隐患排查治理制度等	《中华人民共和国安全生产法》规定：生产经营单位必须遵守本法和其他有关安全生产法律、法规，加强安全生产管理，建立健全安全生产责任制度，完善安全生产条件，确保安全生产。企业应制定健全的安全生产管理制度，规范从业人员的安全行为，并将制度发放到有关的工作岗位。 安全生产管理制度，是企业依据国家有关法律、法规、标准，结合安全生产工作实际，以企业名义起草颁发的有关安全生产的规范性文件。	**查资料：** 1.查看企业所有安全管理制度，并以文件形式签发； 2.查看适用的法律法规、标准、条例以及规章制度等有效文件清单； 3.建立企业安全管理制度、安全操作规程清单。 **抽查过程记录：** 1.查看企业安全管理制度文件的制定（修订）计划及制定（修订）过程的记录； 2.规章制度是否明确目的、适用范围、主管部门、具体内容、解释部门和实施日期等，是否符合企业实际	20 ★	1.企业安全生产管理制度有部分缺失，每缺1项扣1分，最多扣10分； 2.各项安全生产管理制度未以文件形式发布的，扣2分； 3.制定的安全生产管理制度内容不健全、不符合规定或与实际不符的，每项制度扣1分，最多扣5分； 4.安全生产管理制度的有关制定过程和修订计划的记录未保存或不全，扣1～3分		

续上表

评价类目	评价项目		释义	评价方法	标准分值	评价标准		得分
						扣分项	否决项	
四、资质、法律法规和安全管理制度(80分)	3.安全管理制度		《中华人民共和国安全生产法》规定:生产经营单位必须遵守本法和其他有关安全生产法律、法规,加强安全生产管理,建立健全安全生产责任制度,完善安全生产条件,确保安全生产。 企业是安全生产的责任主体,建立健全安全管理制度是企业的法定责任,是规范从业人员的生产作业行为,保证生产经营活动安全、顺利进行的重要手段。 企业制定的安全生产管理制度应符合国家现行的法律法规的要求					

续上表

评价类目	评价项目		释义	评价方法	标准分值	评价标准		得分
						扣分项	否决项	
四、资质、法律法规和安全管理制度(80分)	3.安全管理制度	②企业应将安全生产管理制度发放到有关部门及岗位,及时将相关的制度传达给相关方	企业应将安全生产管理制度发放到有关部门和工作岗位,及时将相关的规章制度传达给相关方,并建立安全生产管理制度发放记录,使其熟悉制定要求,以便在工作中落实	**查资料:** 1.查企业安全管理制度的发放记录及相关活动记录,包括:发放记录,明确发放时间、制度(版本)、编号、持有人等信息; 2.将相关规章制度传达给相关方的记录。 **询问:** 相关人员是否熟悉安全生产相关规章制度要求。 **抽查过程记录:** 查企业安全管理制度的发放是否覆盖相关方	10 AR	1.不能提供企业安全生产管理制度的发放及相关活动的记录,扣2分; 2.未将安全生产管理制度发放到有关部门及岗位,且未全覆盖的,每次少发放1个部门扣1分,最多扣5分; 3.未将相关规章制度传达给相关方的记录的,扣3分		

续上表

评价类目	评价项目		释义	评价方法	标准分值	评价标准		得分
						扣分项	否决项	
四、资质、法律法规和安全管理制度（80分）	4.制度执行及档案管理	①企业应及时更新安全生产管理制度和操作规程，并应组织相关人员宣贯、学习修订后的安全生产管理制度和操作规程	《中华人民共和国安全生产法》规定：生产经营单位应当对从业人员进行安全生产教育和培训，保证从业人员具备必要的安全生产知识，熟悉有关的安全生产规章制度和安全操作规程（包括修订后的），掌握本岗位的安全操作技能，了解事故应急处理措施，知悉自身在安全生产方面的权利和义务。 企业应及时掌握适用的法律法规、部门规章、标准规范、相关要求和最新政策等，并据此及时修订、补充、完善本企业相关制度和规定，以便于工作中执行	**查资料：** 1.查看对安全生产管理制度和操作规程进行修订的相关记录； 2.查看对修订后的安全生产管理制度和操作规程及时对相关人员进行宣贯的学习记录。 **询问：** 相关人员是否参加企业安全生产管理制度和操作规程的宣贯培训。 **抽查过程记录：** 查看对相关人员进行宣贯、学习的有关记录，如宣贯签到表、课件等材料	15	1.未及时对安全生产管理制度和操作规程进行更新、修订，无相关记录的，扣5分； 2.企业安全生产管理制度内容不是最新有效的，发现一处扣1分，最多扣4分； 3.相关人员不熟悉企业安全生产管理制度和操作规程或未参加制度宣贯培训的，扣3分； 4.未提供修订后的安全生产管理制度的宣贯学习记录的，扣3分		

续上表

<table>
<tr><th rowspan="2">评价类目</th><th colspan="2" rowspan="2">评价项目</th><th rowspan="2">释　　义</th><th rowspan="2">评价方法</th><th rowspan="2">标准分值</th><th colspan="2">评价标准</th><th rowspan="2">得分</th></tr>
<tr><th>扣分项</th><th>否决项</th></tr>
<tr><td>四、资质、法律法规和安全管理制度(80分)</td><td>4.制度执行及档案管理</td><td>②企业应建立安全生产各类管理台账和文件档案，并及时更新</td><td>企业应规范与安全生产有关的过程、事件、活动、检查等活动记录，进行标准化管理，建档和完善台账的分类，将所做的安全生产工作记录在规定的载体上，包括活动记录、检查表、报告、电子文档等，按要求及时建立有关资料和信息，做到可追溯，提高工作效率和质量。
台账和档案管理期限根据有关规定执行</td><td>查资料：
1.建立和完善各类台账和档案，主要包括：安全工作文件、会议台账、安全生产检查台账、隐患整改台账、安全奖罚台账、事故台账、特种设备管理台账、特种作业人员管理台账、安全管理人员台账、安全生产教育和培训台账、安全生产费用台账、合格分包商台账等；
2.文件档案包括：收发文、工作计划与总结、安全考核、安全会议、安全检查、应急预案、应急演练、事故处理、危险源监控等。
抽查过程记录：
企业各类安全生产管理台账和档案的记录是否规范、及时、准确</td><td>15</td><td>1.未建立和完善各类台账和档案的，每少一项扣1分，最多扣15分；
2.各类安全生产管理台账和档案未按规定做到规范、准确、及时报送、及时更新，扣1～5分</td><td></td><td></td></tr>
</table>

续上表

评价类目	评价项目		释义	评价方法	标准分值	评价标准		得分
						扣分项	否决项	
五、安全投入（70分）	1. 资金投入	①企业应编制年度安全生产费用提取和使用计划，计划中应包含企业总部计划和施工项目计划两部分内容	安全生产费用，是指企业按照规定标准提取在成本中列支，专门用于完善和改进企业或者项目安全生产条件的资金。 《中华人民共和国安全生产法》规定：生产经营单位应当具备的安全生产条件所必需的资金投入，由生产经营单位的决策机构、主要负责人或者个人经营的投资人予以保证，并对由于安全生产所必需的资金投入不足导致的后果承担责任。 《企业安全生产费用提取和使用管理办法》规定：企业应当加强安全费用管理，编制年度安全费	**查资料：** 1. 企业制定的安全生产经费提取和使用管理制度且内容完善； 2. 企业总部和项目现场的年度安全费用提取和使用计划。 **询问：** 询问总经理、分管副总经理或安全、财务部门负责人等是否熟悉企业提取安全生产费用的相关职责、管理要求。 **抽查过程记录：** 查看安全生产费用的提取计划的编制、批准和纳入企业财务预算并实施的记录等	20	1. 未制定安全生产经费提取和使用管理制度，扣3分；已制定但内容不完善，扣2分； 2. 企业未按规定编制年度安全生产费用提取和使用计划，扣10分； 3. 企业安全生产费用年度计划未经企业第一责任人审批的，扣3分； 4. 抽查有关人员不熟悉企业提取安全生产费用管理的相关职责和要求，扣1～2分		

续上表

评价类目	评价项目		释　义	评价方法	标准分值	评价标准		得分
						扣分项	否决项	
五、安全投入（70分）	1.资金投入		用提取和使用计划，纳入企业财务预算。企业年度安全生产费用使用计划和上一度安全费用的提取、使用情况按照管理权限报同级财政部门、安全生产监督管理部门、行业主管部门备案。 企业应每年初编制企业总部和项目现场的年度安全费用提取和使用计划，并经企业安全生产第一责任人审批签字					

续上表

评价类目	评价项目		释义	评价方法	标准分值	评价标准		得分
						扣分项	否决项	
五、安全投入(70分)	1.资金投入	②安全生产费用的提取应以建筑安装工程造价为计提依据，提取标准应符合相关规定	安全生产费用按照《企业安全生产费用提取和使用管理办法》规定足额提取：港口与航道工程、公路工程为1.5%	**查资料：** 查看安全生产费用提取标准及提取记录。 **询问：** 询问相关职能部门负责人是否熟悉安全生产费用的提取标准。 **抽查过程记录：** 查安全生产费用的提取是否符合相关规定等；存在提取不足等情况的处理记录	15 ★★★	1. 企业应按安全生产费用管理规定提取安全生产费用； 2. 安全生产费用应及时、足额提取； 3. 相关职能部门负责人应熟悉安全生产费用提取标准； 4. 企业应提供足额提取安全生产费用的检查记录等		

续上表

评价类目	评价项目		释义	评价方法	标准分值	评价标准		得分
						扣分项	否决项	
五、安全投入（70分）	2.费用管理	①企业安全生产费用的会计处理，应当符合国家统一的会计制度的规定	《企业安全生产费用提取和使用管理办法》规定：企业安全费用的会计处理，应当符合国家统一的会计制度的规定。 按照年度计划，建立安全生产费用台账。将安全费用列出明细，详细记录安全费用的使用情况，并明确各在建项目责任人、项目名称、投入金额等	**查资料：** 1.查财务部门设立专门的安全生产费用财务科目，且符合会计制度规定； 2.查看安全生产费用使用台账。 **抽查过程记录：** 查看财务安全生产费用支出台账是否与实际使用一致	15	1.企业财务部门未建立安全生产费用使用台账的，扣4分； 2.安全生产费用的会计处理，不符合国家统一的会计制度规定的，扣8分； 3.台账、使用记录不清晰或与实际使用不一致，扣1～3分		

续上表

评价类目	评价项目		释义	评价方法	标准分值	评价标准		得分
						扣分项	否决项	
五、安全投入(70分)	2.费用管理	②企业相关监督职能部门应对企业年度安全生产费用提取和使用情况进行跟踪、监督检查	企业对安全生产费用使用情况要进行实时监督。《企业安全生产费用提取和使用管理办法》规定:企业年度安全费用使用计划和上一年安全费用的提取、使用情况按照管理权限报同级财政部门、安全生产监督管理部门和行业主管部门备案。企业内部安全、审计监察等部门应对安全生产费用的提取和使用情况进行监督	**查资料:** 1. 查企业对安全生产费用使用情况的监督检查记录; 2. 整改记录。 **询问:** 总经理、分管副总经理或安全、财务部门负责人等,如何跟踪、监督安全生产费用使用情况;发现问题如何处理。 **抽查过程记录:** 根据管理制度,查安全、审计监察等监督部门是否跟踪、监督安全生产费用使用情况,并发现问题及时处理的相关记录	20 AR	1. 未能提供对安全生产费用使用情况和监督检查记录,扣8分; 2. 相关监督职能部门未开展跟踪、监督检查工作,扣4分; 3. 相关部门或有关负责人不熟悉安全生产费用监督检查要求,扣1~4分; 4. 针对发现的问题未及时处理的,扣4分		

续上表

评价类目	评价项目		释　　义	评价方法	标准分值	评价标准		得分
						扣分项	否决项	
六、教育培训(90分)	1.培训管理	①企业应按规定开展安全教育培训，明确安全教育培训目标、内容和要求，定期识别安全教育培训需求，制定并实施安全教育培训计划	企业应确定安全教育和培训主管部门，按规定及岗位需要，定期识别安全教育和培训需求，制定、实施安全教育和培训计划，提供相应的资源保证。 《中华人民共和国安全生产法》第十八条规定：生产经营单位的主要负责人对本单位安全生产工作负有下列职责：(三)组织制定并实施本单位安全生产教育和培训计划	**查资料：** 1. 安全教育和培训制度； 2. 安全教育和培训计划	5	1. 未制定安全教育和培训制度，扣2分；制度内容未明确培训主管部门、培训需求和培训计划的制定等，每项扣1分，最多扣2分； 2. 未定期识别安全培训需求的，扣1分； 3. 未根据安全培训需求制定培训目标、培训计划的，扣1分； 4. 培训计划内容未覆盖生产经营范围，不具有操作性的，每项扣1分		

续上表

评价类目	评价项目		释　义	评价方法	标准分值	评价标准		得分
						扣分项	否决项	
六、教育培训（90分）	1. 培训管理	②企业应组织安全教育培训，保证安全教育培训所需人员、资金和设施	《安全生产培训管理办法》第十条规定：生产经营单位应当建立安全培训管理制度，保障从业人员安全培训所需经费，对从业人员进行与其所从事岗位相应的安全教育培训； 《生产经营单位安全培训规定》第二十一条规定：生产经营单位应当将安全培训工作纳入本单位年度工作计划。保证本单位安全培训工作所需资金	**查资料：** 1. 安全教育和培训时所需人员、设施（如内部培训师、教育培训平台等）； 2. 安全教育和培训资金投入计划。 **现场检查：** 询问管理、现场不同岗位5～15人接受安全教育的情况	5	1. 安全教育和培训计划无相关设施要求的，扣2分； 2. 安全培训所需的必要人员、资金和设施未得到保证的，每项扣1分，最多扣3分		

续上表

评价类目	评价项目		释义	评价方法	标准分值	评价标准		得分
						扣分项	否决项	
六、教育培训(90分)	1.培训管理	③企业应做好安全教育培训记录,建立从业人员安全教育培训档案	《生产经营单位安全培训规定》第二十二条规定:生产经营单位应当建立健全从业人员安全生产教育和培训档案,由生产经营单位的安全生产管理机构以及安全生产管理人员详细、准确记录培训的时间、内容、参加人员以及考核结果等情况	**查资料:** 1. 各类安全教育和培训的记录; 2. 从业人员安全教育和培训档案	10 AR	1. 未对安全教育和培训做好记录的,每次扣2分,最多扣6分; 2. 从业人员安全教育和培训档案不准确的(培训时间、培训内容、主讲老师、参训人员、考核结果),每项扣1分,最多扣4分		
		④企业应组织对安全培训效果进行评估,改进提高培训质量	为了更好地落实继续教育培训计划,企业应在每次教育培训结束后,对培训效果进行评审,以便及时发现培训过程中存在的问题,制定解决或优化方案,调整培训计划,改进提高培训教育质量	**查资料:** 1. 安全培训教育总结或小结; 2. 安全培训效果评估记录、改进措施相关文件	5	1. 未进行安全培训总结或小结的,扣1分; 2. 无培训效果评估及改进措施,每缺一次扣1分,最多扣2分; 3. 安全培训效果评估不真实的或改进措施不具体的,每项扣1分,最多扣2分		

续上表

评价类目	评价项目		释义	评价方法	标准分值	评价标准		得分
						扣分项	否决项	
六、教育培训(90分)	2.资格培训	①企业的特种设备作业人员应按有关规定参加安全教育培训,取得《特种设备作业人员证》后,方可从事相应的特种设备作业或者管理工作,并按规定定期进行复审	《特种设备作业人员监督管理办法》第二条规定:锅炉、压力容器(含气瓶)、压力管道、电梯、起重机械、客运索道、大型游乐设施、场(厂)内机动车辆等特种设备的作业人员及其相关管理人员统称特种设备作业人员。特种设备作业人员作业种类与项目目录见本办法附件。从事特种设备作业的人员应当按照本办法的规定,经考核合格取得《特种设备作业人员证》,方可从事相应的作业或者管理工作。 《特种设备作业人员监督管理办法》第二十二条	**查资料:** 1. 特种设备台账; 2. 特种设备作业人员台账; 3. 特种设备作业人员的《特种设备作业人员证》	10 ★★	1. 特种设备作业人员未取得《特种设备作业人员证》的,或《特种设备作业人员证》未定期复审的不得分; 2. 未建立特种设备作业人员台账的(内容包括岗位、姓名、《特种设备作业人员证》编号、初次取证时间、复审时间、有效期等),每人次扣1分,最多扣5分		

续上表

评价类目	评价项目		释义	评价方法	标准分值	评价标准		得分
						扣分项	否决项	
六、教育培训（90分）	2.资格培训		规定:《特种设备作业人员证》每4年复审一次。持证人员应当在复审期满3个月前,向发证部门提出复审申请。复审合格的,由发证部门在证书正本上签章。对在2年内无违规、违法等不良记录,并按时参加安全培训的,应当按照有关安全技术规范的规定延长复审期限。 复审不合格的应当重新参加考试。逾期未申请复审或考试不合格的,其《特种设备作业人员证》予以注销。 跨地区从业的特种设备作业人员,可以向从业所在地的发证部门申请复审					

续上表

评价类目	评价项目		释义	评价方法	标准分值	评价标准		得分
						扣分项	否决项	
六、教育培训(90分)	2. 资格培训	②企业的特种作业人员应经专门的安全技术培训并考核合格,取得《中华人民共和国特种作业操作证》后,方可上岗作业,并按规定定期进行复审。离开特种作业岗位6个月以上的特种作业人员,应重新进行实际操作考试,经确认合格后方可上岗作业	《中华人民共和国安全生产法》第二十七条规定:生产经营单位的特种作业人员必须按照国家有关规定经专门的安全作业培训,取得相应资格,方可上岗作业。 特种作业人员的范围由国务院安全生产监督管理部门会同国务院有关部门确定	**查资料:** 1. 特种作业人员台账; 2.《中华人民共和国特种作业操作证》	10 AR	1. 特种作业人员未持证上岗或《中华人民共和国特种作业操作证》到期未进行复审,每人扣1分,最多扣5分; 2. 离开特种作业岗位6个月以上的特种作业人员,未重新进行实际操作考试,经确认合格后上岗作业的,每人扣1分,最多扣3分; 3. 未建立特种作业人员台账的(内容包括特种作业工种、姓名、《中华人民共和国特种作业操作证书》编号、初次取证时间、复审时间、有效期等),每缺1人扣1分,最多扣2分		

续上表

评价类目	评价项目		释义	评价方法	标准分值	评价标准		得分
						扣分项	否决项	
六、教育培训(90分)	3. 宣传教育	企业应组织开展安全生产的法律、法规和安全生产知识的宣传、教育	企业应将安全生产法律法规的培训学习要求,纳入企业制定的安全教育和培训制度中,将适用的安全生产法律法规、标准规范及其他要求及时传达给从业人员。企业应对新的重要的法律法规进行专门培训,并对学习情况进行考核	**查资料:** 安全生产法律法规、标准及其他安全生产知识宣传、培训相关记录资料。 **询问:** 询问5~15人接受安全生产的法律、法规和安全生产知识的宣传、教育情况	5	1. 无安全生产法律法规、标准及其他安全生产知识宣传、培训相关记录资料的(培训通知、培训签到表、培训记录表、培训效果评估),扣3分; 2. 从业人员不熟悉本岗位适用的安全生产法律法规、标准及其他要求的,每人扣1分,最多扣2分		

续上表

评价类目	评价项目		释义	评价方法	标准分值	评价标准		得分
						扣分项	否决项	
六、教育培训(90分)	4.从业人员培训	①未经安全生产培训合格的从业人员,不得上岗作业	《中华人民共和国安全生产法》第二十五条规定:生产经营单位应当对从业人员进行安全生产教育和培训,保证从业人员具备必要的安全生产知识,熟悉有关的安全生产规章制度和安全操作规程,掌握本岗位的安全操作技能,了解事故应急处理措施,知悉自身在安全生产方面的权利和义务。未经安全生产教育和培训合格的从业人员,不得上岗作业。 《生产经营单位安全培训规定》第四条规定:生产经营单位应当进行安全培训的从业人员包括主要负责人、安全生产管理人	**查资料:** 1.从业人员安全教育和培训档案; 2.企业从业人员档案	5	1.新进人员,未经培训合格上岗作业的,每人次扣1分,最多扣3分; 2.生产经营单位的主要负责人和安全生产管理人员未经主管负有安全生产监督管理职责的部门对其安全生产知识和管理能力考核合格的,每人次扣1分,最多扣2分		

续上表

评价类目	评价项目		释义	评价方法	标准分值	评价标准		得分
						扣分项	否决项	
六、教育培训(90分)	4.从业人员培训		员、特种作业人员和其他从业人员。 生产经营单位使用被派遣劳动者的,应当将被派遣劳动者纳入本单位从业人员统一管理,对被派遣劳动者进行岗位安全操作规程和安全操作技能的教育和培训。 生产经营单位接收中等职业学校、高等学校学生实习的,应当对实习学生进行相应的安全生产教育和培训,提供必要的劳动防护用品					

续上表

评价类目	评价项目		释义	评价方法	标准分值	评价标准		得分
						扣分项	否决项	
六、教育培训(90分)	4.从业人员培训	②从业人员应每年接受再培训，培训时间不得少于规定学时	《中华人民共和国安全生产法》第二十五条规定：生产经营单位应当对从业人员进行安全生产教育和培训，保证从业人员具备必要的安全生产知识，熟悉有关的安全生产规章制度和安全操作规程，掌握本岗位的安全操作技能。未经安全生产教育和培训合格的从业人员，不得上岗作业。 《生产经营单位安全培训规定》第九条规定：生产经营单位主要负责人和安全生产管理人员初次安全培训时间不得少于32学时。每年再培训时间不得少于12学时	**查资料：** 从业人员安全培训教育档案	5	1. 企业安全教育和培训制度未明确从业人员每年接受再培训的，扣1分； 2. 未按照安全生产制度和计划要求组织开展从业人员年度再培训的，扣2分； 3. 从业人员年度再培训少于规定学时的，扣1~2分		

续上表

评价类目	评价项目		释义	评价方法	标准分值	评价标准		得分
						扣分项	否决项	
六、教育培训(90分)	4.从业人员培训	③对离岗一年重新上岗、转换工作岗位的人员,应进行岗前培训。培训内容应包括安全法律法规、安全管理制度、岗位操作规程、风险和危害告知等,与新岗位安全生产要求相符合	《生产经营单位安全培训规定》规定:从业人员在本生产经营单位内调整工作岗位或离岗一年以上重新上岗时,应当重新接受车间(工段、区、队)或部门、班组、岗位级的安全培训	**查资料:** 从业人员安全培训教育档案	5	对离岗一年重新上岗、转换工作岗位的人员未进行岗前安全培训教育,每人次扣2分,超过3人不得分		
		④应对新员工进行三级安全教育培训,经考核合格后,方可上岗。培训时间不得少于规定学时	《生产经营单位安全培训规定》第十二条规定:加工、制造业等生产单位的其他从业人员,在上岗前必须经过厂(矿)、车间(工段、区、队)、班组三级安全培训教育。	**查资料:** 1.新员工三级安全教育培训记录; 2.三级安全教育培训后的考核记录; 3.员工名册,必要时抽查劳动合同	10 AR	1.未对新员工进行三级安全教育培训的,每人次扣1分,扣完为止; 2.存在三级安全教育培训考核不合格上岗员工的,每人次扣1分,扣完为止; 3.三级安全教育培训学时少于24学时的,每人次扣1分,扣完为止		

续上表

评价类目	评价项目		释义	评价方法	标准分值	评价标准		得分
						扣分项	否决项	
六、教育培训(90分)	4.从业人员培训		生产经营单位应当根据工作性质对其他从业人员进行安全培训,保证其具备本岗位安全操作、应急处置等知识和技能。 《生产经营单位安全培训规定》第十三条规定:生产经营单位新上岗的从业人员,岗前安全培训时间不得少于24学时					
		⑤企业使用被派遣劳动者的,应纳入本企业从业人员统一管理,进行岗位安全操作规程和安全操作技能的教育和培训	《中华人民共和国安全生产法》第二十五条规定:生产经营单位使用被派遣劳动者的,应当将被派遣劳动者纳入本单位从业人员统一管理,对被派遣劳动者进行岗位安全操作规程和安全操作技能的教育和培训。劳务派遣单位应当对被派遣劳动者进行必要的安全生产教育和培训	**查资料:** 1.劳务派遣人员名单; 2.安全生产教育和培训档案	5	劳务派遣人员未进行岗位安全操作规程和安全操作技能教育和培训的,每人次扣1分,超过5人次不得分		

续上表

评价类目	评价项目		释　义	评价方法	标准分值	评价标准		得分
						扣分项	否决项	
六、教育培训（90分）	4.从业人员培训	⑥应在新技术、新设备投入使用前，对管理和操作人员进行专项培训	《中华人民共和国安全生产法》第二十六条规定：生产经营单位采用新工艺、新技术、新材料或者使用新设备，必须了解、掌握其安全技术特性，采取有效的安全防护措施，并对从业人员进行专门的安全生产教育和培训	**查资料：** 1.新技术、新设备投入使用资料； 2.安全生产教育和培训档案。 **询问：** 现场询问新技术、新设备岗位人员培训情况	5	1.新技术、新设备投入使用前，未对管理和操作人员进行专项培训的，每人次扣2分，超过3人次不得分； 2.专项安全教育培训记录档案资料不完善的，每次扣1分，最多扣3分		

续上表

评价类目	评价项目		释　义	评价方法	标准分值	评价标准		得分
						扣分项	否决项	
六、教育培训(90分)	5. 规范档案	企业应当建立安全生产教育和培训档案,如实记录安全生产教育和培训的时间、内容、参加人员以及考核结果等情况	《中华人民共和国安全生产法》第二十五条规定:生产经营单位应当建立安全生产教育和培训档案,如实记录安全生产教育和培训的时间、内容、参加人员以及考核结果等情况。 《生产经营单位安全培训规定》第二十二条规定:生产经营单位应当建立健全从业人员安全生产教育和培训档案,由生产经营单位的安全生产管理机构以及安全生产管理人员详细、准确记录培训的时间、内容、参加人员以及考核结果等情况	**查资料:** 1. 培训教育计划和记录台账; 2. 查看教育和培训档案。 **现场询问检查:** 询问5~10人接受安全教育的情况	5	1. 无安全生产教育和培训档案记录,不得分; 2. 安全生产教育和培训档案记录不真实、不准确的(培训的时间、内容、参加人员以及考核结果),每处扣1分		

续上表

评价类目	评价项目		释　义	评价方法	标准分值	评价标准		得分
						扣分项	否决项	
七、风险管理（90分）	1.一般要求	企业应依法依规建立健全安全生产风险管理制度，开展本单位管理范围内的风险辨识、评估、管控等工作，落实重大风险登记、重大危险源报备责任，防范和减少安全生产事故	依据《公路水路行业安全生产风险管理暂行办法》（交安监发〔2017〕60号）第三条明确要求：从事公路水路行业生产经营活动的企事业单位（以下简称生产经营单位）是安全生产风险管理的实施主体，应依法依规建立健全安全生产风险管理工作制度，开展本单位管理范围内的风险辨识、评估等工作，落实重大风险登记、重大危险源报备和控制责任，防范和减少安全生产事故	**查资料：** 1.企业安全生产风险管理工作制度（应含重大风险管理内容）和重大危险源管理制度（含辨识、报备和管控等内容）； 2.企业安全生产风险辨识、评估方法（或规则）； 3.本单位管理范围内的风险辨识、评估等工作的记录； 4.重大风险登记、报备，重大危险源辨识、建档、报备和控制等工作记录	10 AR	1.未制定发布企业安全生产风险管理工作制度，内容不符合要求的，不得分； 2.未制定发布企业安全生产风险辨识、评估指南（或规则），扣2分； 3.无风险辨识、评估等工作的记录，扣3分；不全面或缺失，扣1～2分； 4.重大风险未登记或报备，扣1分； 5.未开展重大危险源辨识、建档、报备和控制等工作，缺一项扣1分，最多扣4分		

续上表

评价类目	评价项目		释义	评价方法	标准分值	评价标准		得分
						扣分项	否决项	
七、风险管理（90分）	2. 风险辨识	①企业应制定风险辨识规则，明确风险辨识的范围、方式和程序	依据《公路水路行业安全生产风险管理暂行办法》（交安监发〔2017〕60号）第十一条明确要求：生产经营单位应针对本单位生产经营活动范围及其生产经营环节，按照相关法规标准要求，编制风险辨识规则，明确风险辨识范围、方式和程序。 风险辨识是指在风险事故发生之前，人们运用各种方法系统的、连续的认识所面临的各种风险以及分析风险事故发生的潜在原因。风险辨识过程包含感知风险和分析风险两个环节。为更好地开展风险辨识工作，企业应制定风	**查资料：** 风险辨识规则文件	7	1. 未明确风险辨识规则，不得分； 2. 风险辨识规则中风险辨识范围、方式和程序等内容不符合、不完善的，每项扣1分，扣完为止		

续上表

评价类目	评价项目		释　　义	评价方法	标准分值	评价标准		得分
						扣分项	否决项	
七、风险管理(90分)	2.风险辨识		险辨识规则,明确辨识的范围、方式和程序等内容,指导员工开展风险辨识工作。风险辨识的范围应包含了企业所有人员、过程和场所,辨识方式适合企业各岗位需求,辨识程序全面、合规					
		②风险辨识应系统、全面,并进行动态更新	企业风险是一个复杂的系统,其中包括不同类型、不同性质、不同损失程度的各种风险,故对风险进行识别,应该全面系统地考察、了解各种风险事件存在和可能发生的概率以及损失的严重程度,风险因素及因风险的出现而导致的其他问题。因此,必须系统、全面了解各种风险的存在和发生及其将引	**查资料:** 风险辨识清单。 **现场检查:** 重点作业场所、关键岗位、设备存在的风险	5	1.风险辨识清单内容不全面,每缺一项扣1分,最多扣3分; 2.风险辨识清单清单未及时更新、动态管理,扣1~2分		

续上表

评价类目	评价项目		释义	评价方法	标准分值	评价标准		得分
						扣分项	否决项	
七、风险管理(90分)	2.风险辨识		起的损失后果的详细情况,以便及时而清楚地为决策者提供比较完备的决策信息。同时,风险随生产工艺、装备和过程变化、环境变化、人的因素和管理的变化,风险致险因素、危害程度等也发相变化,相应的控制方法和措施也应随之改变,因此应进行动态更新					
		③风险辨识应涉及所有的工作人员(包括外部人员)、工作过程和工作场所。安全生产风险辨识结束后应形成风险辨识清单	风险辨识是运用各种方法对尚未发生的潜在风险以及客观存在的各种风险进行系统归类和全面识别。风险辨识不是一次能够完成的,它应该在整个安全生产过程中定期而有计划地进行,具有广泛性、全生命周期和信息依赖性,	**查资料:** 查风险辨识清单	5	风险辨识清单未涉及所有的工作人员(包括外部人员)、工作过程和工作场所,每缺一项扣1分,扣完为止		

续上表

评价类目	评价项目		释　义	评价方法	标准分值	评价标准		得分
						扣分项	否决项	
七、风险管理(90分)	2.风险辨识		因为安全生产参与成员的工作性质不同，所面临的风险也会有所不同，他们都有自己独特的生产经历和风险管理经验，可以为识别生产的风险提供更多的途径。同时，由于生产由不同分工协助组合完成，风险辨识将涉及财务、工艺、设备、技术、管理等多个的不同知识领域；另外，风险存在于产品生产生命期的各个阶段中，不同阶段会出现影响程度不同的风险，随着生产过程、条件（含场所）、环境、范围等的不断变化，新的风险又会产生，从而又需要开展新一轮的风险识别。总之，风险识别必然贯穿于生产的全过程和所有场所。风险辨识成果之一，就是形成风险清单					

续上表

评价类目	评价项目		释义	评价方法	标准分值	评价标准		得分
						扣分项	否决项	
七、风险管理(90分)	3.风险评估	①企业应从发生危险的可能性和严重程度等方面对风险因素进行分析,选定合适的风险评估方法,明确风险评估规则	风险评估是指风险辨识、风险分析和风险评价的全过程。通过选择合适的评估方法对存在的安全生产风险和有害因素进行评估,确定风险程度和等级,并根据评估结果采取针对性的控制措施,确保风险控制在可接受的范围之内。 企业应编制风险评价规则,规则应根据不同岗位、过程和场所辨识风险,从发生危险的可能性和严重程度等方面对风险因素进行分析,推荐选择采用合适的风险评估方法	**查资料:** 风险评估规则	3	1.企业无风险评价规则,不得分; 2.风险评价规则未包含风险评价方法选择、评价人员资历、评价程序、评价记录、评价报告编制和归档等要求,缺一项扣1分,扣完为止		

续上表

评价类目	评价项目		释　义	评价方法	标准分值	评价标准		得分
						扣分项	否决项	
七、风险管理(90分)	3.风险评估	②企业应依据风险评估规则,对风险清单进行逐项评估,确定风险等级	企业应依据风险评估规则,对照风险清单,选择合适评价方法进行逐项评估,确定风险等级	**查资料:** 1.风险分析记录、风险评价报告; 2.风险清单; 3.重大风险清单	7	1.无风险分析记录、风险评价报告,不得分; 2.风险清单无风险等级,不得分;未全部评出风险等级,缺一项扣1分,最多扣4分; 3.风险等级判定不准确,每处扣1分; 4.企业未列出重大风险清单,不得分		
	4.风险控制	①企业应根据风险评估结果及经营运行情况等,按以下顺序确定控制措施: a.消除; b.替代; c.工程控制措施;	企业应根据风险评估的结果及经营运行情况等,确定不可接受的风险,制定并落实控制措施,将风险尤其是重大风险控制在可以接受的程度;风险控制措施符合相关标准要求。企业在选择风险控制措施时:	**查资料:** 1.风险控制措施相关文件记录; 2.风险控制措施是否符合规定的控制顺序要求。 **现场检查结合询问:** 重点场所、关键岗位和设备设施的风险控制措施	5	1.风险控制措施文件未明确企业应根据风险评估结果及经营运行情况等,按上述顺序确定控制措施,不得分; 2.风险控制措施不符合相关标准要求,扣1~2分;		

续上表

评价类目	评价项目		释　义	评价方法	标准分值	评价标准		得分
						扣分项	否决项	
七、风险管理(90分)	4.风险控制	d.设置标志警告和(或)管理控制措施; e.个体防护装备等	①应考虑: a.可行性; b.安全性; c.可靠性; ②应包括: a.工程技术措施; b.管理措施; c.培训教育措施; d.个体防护措施。 应按照以下顺序确定控制措施: a.消除; b.替代; c.工程控制措施; d.设置标志警告和(或)管理控制措施; e.个体防护装备等			3.重点场所、岗位、设备设施的风险控制措施不明确、不合理、不符合要求,每处扣1分,最多扣3分		

续上表

评价类目	评价项目		释义	评价方法	标准分值	评价标准		得分
						扣分项	否决项	
七、风险管理(90分)	4.风险控制	②企业应将安全风险评估结果及所采取的控制措施告知相关从业人员，使其熟悉工作岗位和作业环境中存在的安全风险，掌握、落实应采取的控制措施	《中华人民共和国安全生产法》第四十一条规定：生产经营单位应当教育和督促从业人员严格执行本单位的安全生产规章制度和安全操作规程；并向从业人员如实告知作业场所和工作岗位存在的危险因素、防范措施以及事故应急措施。故企业应将安全风险评估结果及所采取的控制措施告知相关从业人员，使其熟悉工作岗位和作业环境中存在的安全风险，掌握、落实应采取的控制措施	**查资料：** 企业将安全风险评估结果及所采取的控制措施告知相关从业人员的告知文件、记录等活动档案，或告知交底档案文件资料，或岗前教育等相关活动记录。 **询问：** 询问从业人员是否熟悉本岗位安全风险评估结果及所采取的控制措施	8	1. 企业无安全风险评估结果及所采取的控制措施告知相关从业人员的文件、记录等活动档案，或告知交底档案文件资料，或岗前教育等相关活动记录；扣2分。 2. 有关人员不熟悉工作岗位和作业环境中存在的安全风险，每人扣1分，最多扣3分； 3. 不掌握或未落实应采取的控制措施，每处扣1分，最多扣3分		

续上表

评价类目	评价项目		释义	评价方法	标准分值	评价标准		得分
						扣分项	否决项	
七、风险管理（90分）	4.风险控制	③企业应建立风险动态监控机制，按要求对风险进行控制和监测，及时掌握风险的状态和变化趋势，以确保风险得到有效控制	《公路水路行业安全生产风险管理暂行办法》（交安监发〔2017〕60号）第十八条规定：生产经营单位应建立风险动态监控机制，按要求进行监测、评估、预警，及时掌握风险的状态和变化趋势。 风险动态监控对风险的发展与变化情况进行全程监督，并根据需要进行应对策略的调整。因为风险是随着内部外部环境的变化而变化的，它们在决策主体经营活动的推进过程中可能会增大或者衰退乃至消失，也可能由于环境的变化又生成新的风险。风险动态监控就是通过对风险规划、识别、估计、评价、应对全过程的监视和控制，从而保证风险管理能达到预期的目标，它是项目实施过程中的一项重要工作	**查资料：** 1.风险动态监控管理机制； 2.风险动态监控记录	5	1.企业未制定风险动态监控机制，不得分； 2.机制未明确监控项目、参数、责任人员、频次和方法等要求；每缺一项，扣1分； 3.无风险动态监控记录，不得分；缺少一项监控记录，扣1分； 4.企业风险未有效控制的，扣1分		

续上表

评价类目	评价项目		释义	评价方法	标准分值	评价标准		得分
						扣分项	否决项	
七、风险管理（90分）	5. 重大风险管控	①企业对重大风险进行登记建档，设置重大风险监控系统，制定动态监测计划，并单独编制专项应急措施	《公路水路行业安全生产风险管理暂行办法》（交安监发〔2017〕60号）第二十四条规定：生产经营单位应如实记录风险辨识、评估、监测、管控等工作，并规范管理档案。重大风险应单独建立清单和专项档案。 第二十六条规定： （一）对重大风险制定动态监测计划，定期更新监测数据或状态，每月不少于1次，并单独建档； （二）重大风险应单独编制专项应急措施。 企业对确定认的重大风险都应按照规定登记建档。重大风险档案主要内容包括基本信息、管控信息、预警信息和事故信息等	**查资料：** 1. 企业重大风险登记档案； 2. 重大风险监控系统及动态监测计划； 3. 重大风险的专项应急措施	10 ★★	1. 企业未建立重大风险登记档案，不得分；重大风险档案内容不全，扣1～3分； 2. 重大风险监控系统填报不及时或未正常运行，扣1分； 3. 未制定动态监测计划，扣3分；计划不全面，扣1分； 4. 无针对重大风险的专项应急措施，扣2分； 5. 重大风险的专项应急措施不正确或不全面，扣1～2分		

续上表

评价类目	评价项目		释义	评价方法	标准分值	评价标准		得分
						扣分项	否决项	
七、风险管理(90分)	5.重大风险管控	②企业应当在重大风险所在场所设置明显的安全警示标志,对进入重大风险影响区域的人员组织开展安全防范、应急逃生避险和应急处置等相关培训和演练	《公路水路行业安全生产风险管理暂行办法》(交安监发〔2017〕60号)第二十八条规定:生产经营单位应当在重大风险所在场所设置明显的安全警示标志,标明重大风险危险特性、可能发生的事件后果、安全防范和应急措施。 第二十七条规定:生产经营单位应对进入重大风险影响区域的本单位从业人员组织开展安全防范、应急逃生避险和应急处置等相关培训和演练	**现场检查:** 重大风险所在场所。 **查资料:** 应急培训和演练的计划和记录	7	1.现场未设置明显的安全警示标志,每处扣1分;未标明重大风险危险特性、可能发生的事件后果、安全防范和应急措施,缺一项扣1分,上述总体最多扣3分; 2.无应急培训计划或演练计划,扣1分; 3.无应急培训记录或培训记录不全,扣1分; 4.无演练记录或演练记录不全,扣1分;无演练总结,扣1分		

续上表

评价类目	评价项目		释义	评价方法	标准分值	评价标准		得分
						扣分项	否决项	
七、风险管理(90分)	5.重大风险管控	③企业应当将本单位重大风险有关信息通过公路水路行业安全生产风险管理信息系统进行登记，构成重大危险源的应向属地负有安全生产监督管理职责的交通运输管理部门备案	《公路水路行业安全生产风险管理暂行办法》(交安监发〔2017〕60号)第三十条规定：生产经营单位应当将本单位重大风险有关信息通过公路水路行业安全生产风险管理信息系统进行登记，构成重大危险源的应向属地综合安全生产监督管理部门备案。登记(含重大危险源报备，下同)信息应当及时、准确、真实	**查系统：** 1. 本单位重大风险通过公路水路行业安全生产风险管理信息系统进行登记的记录； 2. 重大危险源通过系统向属地综合安全生产监督管理部门备案的记录。 **查资料：** 重大危险源备案资料	5 ★★★	1. 企业应将本单位重大风险有关信息通过公路水路行业安全生产风险管理信息系统进行登记； 2. 重大危险源应通过系统向属地综合安全生产监督管理部门备案，或报送备案资料； 3. 登记信息应及时、准确、真实		

续上表

评价类目	评价项目		释义	评价方法	标准分值	评价标准		得分
						扣分项	否决项	
七、风险管理(90分)	5.重大风险管控	④重大风险经评估确定等级降低或解除的,企业应于规定的时间内通过公路水路行业安全生产风险管理系统予以销号	《公路水路行业安全生产风险管理暂行办法》(交安监发〔2017〕60号)第三十六条规定:重大风险经评估确定等级降低或解除的,生产经营单位应于5个工作日内通过公路水路行业安全生产风险管理系统予以销号	**查资料、系统:** 1. 重大风险评估报告; 2. 通过公路水路行业安全生产风险管理信息系统进行登记的记录	3	1. 重大风险确定等级降低或解除的,生产经营单位未通过公路水路行业安全生产风险管理系统予以销号,不得分; 2. 未在5个工作日内通过公路水路行业安全生产风险管理系统予以销号,扣1~3分		
	6.预测预警	①企业应根据生产经营状况、安全风险管理及隐患排查治理、事故等情况,运用定量或定性的安全生产预测预警技术,建立企业安全生产状况及发展趋势的安全生产预测预警机制	预测预警是通过安全风险管理及隐患排查治理,查找导致危险前兆的根源,控制危险事态的进一步发展或将危险事件扼杀于萌芽状态,以减少危机的发生或降低危机危害程度的过程。预测预警的目的是当风险因素达到预警	**查资料:** 1. 包含预测预警内容的制度或文件; 2. 定量或定性的安全生产预测预警技术的文件	5	1. 相关制度或文件未包含预测预警要求内容,不得分; 2. 未规定运用定量或定性的安全生产预测预警技术,扣2分;定量或定性的安全生产预测预警技术不合适的,扣1分;		

续上表

评价类目	评价项目		释　义	评价方法	标准分值	评价标准		得分
						扣分项	否决项	
七、风险管理(90分)	6.预测预警		条件的，企业应及时发出预警信息，并立即采取针对性措施，防范安全生产事故发生；减少危机的发生或降低危机的破坏程度，实现企业的持续经营			3.未开展预测预警活动，扣2分； 4.安全生产预测预警机制未定期评审或未根据评审结果予以改进，扣1分		
		②当风险因素达到预警条件的，企业应及时发出预警信息，并立即采取针对性措施，防范安全生产事故发生	当风险因素达到预警条件时，企业应及时发出预警信息，并根据重大风险应急预案立即启动一级预案，按照应急预案要求采取针对性控制措施，防范安全生产事故发生	**查资料：** 1.发出预警信息的风险因素达到预警条件的规定文件； 2.启动应急预案的相关记录； 3.针对性措施的相关记录和台账	5	1.未制定发出预警信息的风险因素达到预警的条件，扣2分； 2.达到预警条件，未发出预警，扣1分； 3.无应急响应的相关记录，扣1分； 4.无采用相关针对性措施的相关记录和台账，扣1分		

续上表

评价类目	评价项目		释义	评价方法	标准分值	评价标准		得分
						扣分项	否决项	
八、安全技术管理(80分)	1.施工组织设计	①企业应制定施工组织设计编制、审核、批准制度,明确责任部门和责任人	企业应制定关于施工组织设计的管理制度,明确其编制、审核、论证、批准等相关要求。 编制的施工组织设计应满足《建筑施工组织设计规范》(GB/T 50502—2009)的要求	**查资料:** 查制定施工组织设计的编制、审核、批准制度,内容完善。 **询问:** 询问技术负责人、分管副总、相关部门人员是否熟悉施工组织设计编制、审核、批准程序。 **抽查过程记录:** 管理制度的起草、修订、讨论、发布等相关记录	5	1. 未制定施工组织设计编制、审核、批准制度,不得分; 2. 制度未以文件形式发布,扣1分;制度不具有针对性和可行性,或未明确责任部门和责任人,扣2分; 3. 相关人员不熟悉施工组织设计编制、审核、批准程序,扣2分		

续上表

评价类目	评价项目		释义	评价方法	标准分值	评价标准		得分
						扣分项	否决项	
八、安全技术管理(80分)	1.施工组织设计	②施工组织设计中应有明确的安全技术措施	安全技术措施是指运用工程技术手段，消除物的不安全因素，实现生产工艺和机械设备等生产条件本质安全的措施。 《建设工程安全生产管理条例》规定：施工单位应当在施工组织设计中编制安全技术措施和施工现场临时用电方案，对达到一定规模的危险性较大的分部分项工程编制专项施工方案，并附具安全验算结果，经施工单位技术负责人、总监理工程师签字后实施，由专职安全生产管理人员进行现场监督	**查资料：** 1.查看项目施工组织设计，是否有安全技术措施； 2.查看安全技术措施的编制内容是否符合规定要求	10 AR	1.施工组织设计中无安全技术措施，发现一份扣2分，最多扣6分； 2.制定的安全技术措施内容不完善，扣1～4分		

续上表

评价类目	评价项目		释义	评价方法	标准分值	评价标准		得分
						扣分项	否决项	
八、安全技术管理(80分)	1. 施工组织设计	③施工组织设计应按程序进行批准,并应由企业技术负责人签批	施工组织设计的编制和审批应符合《建筑施工组织设计规范》(GB/T 50502—2009)的规定,必须由施工单位企业技术负责人签批	**查资料:** 1. 查看施工组织设计的审批程序及相关记录资料; 2. 查看负责审核审批的相关人员是否符合规定要求。 **抽查过程记录:** 查看施工组织设计编制、审核、审批台账;查看审核审批意见的反馈记录	10 ★★★	1. 企业应提供施工组织设计编制、审核、批准记录,且提供的记录应规范,相关责任部门、责任人应签批; 2. 企业应建立施工组织设计编制、审核、审批台账		

续上表

评价类目	评价项目		释义	评价方法	标准分值	评价标准		得分
						扣分项	否决项	
八、安全技术管理(80分)	1.施工组织设计	④企业应严格按照审批过的施工组织设计执行，如有变更应按程序重新报批	施工组织设计是项目施工生产的最根本技术文件，是现场施工计划和安排的依据，具有很强的科学性和针对性，是项目如期完工的最重要保证。 施工单位应严格按照审批的施工组织设计进行施工作业，不得随意变更施工方法。当出现变更时，应按审批程序重新进行审核、批准	**查资料：** 1. 查施工组织设计执行情况，及执行过程中或发生变更时的有关文件资料及活动记录； 2. 查施工组织设计审批意见记录或台账，实行动态管理。 **询问：** 相关职能部门人员是否关注、了解施工组织设计的执行情况。 **抽查过程记录：** 1. 职能部门人员到现场是否检查施工组织设计执行情况； 2. 如有变更，查看施工组织设计变更报批程序记录	10	1. 发现未按审批过的施工组织设计严格执行，不得分； 2. 变更施工组织设计未按程序重新报批、审批的，扣5分； 3. 施工组织设计审批意见记录或台账未实行动态管理，扣2分； 4. 相关职能部门人员不熟悉施工组织设计执行情况，或相关人员到现场未检查施工组织设计执行情况的，扣1~3分		

续上表

评价类目	评价项目		释义	评价方法	标准分值	评价标准		得分
						扣分项	否决项	
八、安全技术管理(80分)	2.专项施工方案	①企业应制定危险性较大的分部分项工程专项施工方案的编制、审核、批准制度，并应建立方案的动态清单台账。专项施工方案应由企业技术负责人签批	危险性较大的分部分项工程是指建筑工程在施工过程中存在的、可能导致作业人员群死群伤或造成重大不良社会影响的分部分项工程。 企业应制定危险较大的分部分项工程专项施工方案管理制度，明确编制范围、编制内容、审批、论证程序等相关要求。 制度应符合《建设工程安全生产管理条例》《危险性较大的分部分项工程安全管理规定》(住建部令第37号)《关于实施〈危险性较大的分部分项工程安全管理规定〉有关问题的通知》(建办质〔2018〕31号)及《公路工程施工安全技术规范》(JTG F90—2015)的规定	**查资料：** 1.查制定的危险性较大的分部分项工程专项施工方案的编写、审核、批准制度：制度内容是否完善； 2.查看专项施工方案：是否由技术负责人签批。 **询问：** 询问技术负责人、相关部门人员是否熟悉危险性较大的分部分项工程专项施工方案的编写、审核、批准的程序。 **抽查过程记录：** 1.危险性较大的分部分项工程专项施工方案的编写、审核、批准制度的起草、讨论、修订、发布等有关记录； 2.是否有危险性较大的分部分项工程的清单台账	10 ★★	1.未制定危险性较大的分部分项工程专项施工方案的编写、审核、批准制度，扣3分； 2.制度的内容不完善或制度未以文件形式发布，扣1～2分； 3.相关人员不熟悉危险性较大的分部分项工程专项施工方案的编写、审核、批准程序，扣2分； 4.专项施工方案未经企业技术负责人签批，扣2分； 5.未建立危险性较大的分部分项工程动态台账，扣1分		

续上表

评价类目	评价项目		释义	评价方法	标准分值	评价标准		得分
						扣分项	否决项	
八、安全技术管理(80分)	2.专项施工方案	②专项施工方案应按相关要求进行论证、审核、批准	专项施工方案应经项目技术负责人初核,项目经理初审后报施工单位技术部门。施工单位技术部门负责组织本单位施工技术、安全、质量等部门的专业技术人员进行审核,经审核合格的,由施工单位技术负责人签字、监理工程师审查同意签字后实施,由专职安全生产管理人员进行现场监督。 超过一定规模的危险性较大的分部分项工程专项方案应当由施工单位组织召开专家论证会。实行施工总承包的,由施工总承包单位组织召开专家论证会。专家论证前专项施工方案应当通过施工单位审核和总监理工程师审查	**查资料:** 1. 查看专项施工方案的经专家论证审核审批意见记录、专家论证的相关文件资料; 2. 查看经专家论证的专项施工方案审批台账或清单。 **询问:** 可能涉及技术负责人、相关部门人员,是否熟悉专项施工方案审批、批准、论证的相关要求。 **抽查过程记录:** 1. 组织专项施工方案进行专家论证的会议记录; 2. 专家论证前专项施工方案的审查记录; 3. 经专家论证后,提出的需完善、修改意见是否落实的记录	10 AR	1. 专项施工方案未按规定进行论证、审核、审批,且不能提供相关记录的,不得分; 2. 未建立经专家论证的专项施工方案审批动态管理台账,扣2分; 3. 未能提供专家论证的会议记录、签到表等记录的,扣4分; 4. 相关人员不熟悉危险性较大的分部分项工程专项施工方案的专家论证程序,扣1~4分; 5. 未能提供经专家论证后提出的需完善、修改意见的落实记录,扣1~4分		

续上表

评价类目	评价项目		释义	评价方法	标准分值	评价标准		得分
						扣分项	否决项	
八、安全技术管理(80分)	3. 科技应用	①企业宜组织开展安全生产科技攻关或课题研究，并应在年度财务预算中确定必要的资金投入	近几年，国家明确提出：加快安全生产技术研发。企业在年度财务预算中必须确定必要的安全投入。国家鼓励企业开展安全科技研发，加快安全生产关键技术装备的换代升级	**查资料：** 1. 查看课题立项文件或协议、课题组人员名单、攻关研究过程记录、结题报告、相关组织评审或鉴定结果和成果汇编； 2. 查看科技攻关项目的技术应用、评价分析、试验鉴定、实践效果、总结备案等资料； 3. 查看课题研究的资金投入计划。 **抽查过程记录：** 科技攻关或课题研究有关批准、会议、活动记录	5	1. 企业科研立项中，未开展安全生产科技攻关或课题研究，不得分； 2. 年度财务预算中无安全生产科研方面的资金投入计划，扣1~3分； 3. 不能提供相关科技攻关或课题研究的活动记录，扣1~2分		

续上表

评价类目	评价项目		释义	评价方法	标准分值	评价标准		得分
						扣分项	否决项	
八、安全技术管理(80分)	3.科技应用	②企业应优先使用先进、安全、高效、节能的新技术、新工艺、新设备和新材料	企业应积极推广应用安全性能可靠、先进适用的新技术、新工艺、新设备和新材料,加快国家规定的各项安全系统和装备建设,提高生产安全防护水平。 本条中的“新”,是指被国家有关部门认定、并列入鼓励发展的新技术、新工艺、新设备和新材料	**询问:** 询问相关职能部门在建项目是否使用新技术、新工艺、新设备和新材料。 **查资料:** 1. 查看使用新技术、新工艺、新设备和新材料等先进设备的目录; 2. 是否使用了国家明令淘汰、禁止使用的危及生产安全的工艺、设备。 **抽查过程记录:** 查看使用新技术、新工艺、新设备和新材料的有关资料和记录	5	1. 未使用先进、安全、高效、节能的新技术、新工艺、新设备和新材料,不得分; 2. 未建立“四新”应用台账,扣2分		

续上表

评价类目	评价项目		释义	评价方法	标准分值	评价标准		得分
						扣分项	否决项	
八、安全技术管理(80分)	4.安全生产信息化	①企业宜建立安全生产管理信息系统	国家鼓励企业充分运用科技和信息手段，结合自身需求，建立安全生产管理信息系统或平台，强化隐患排查治理、监测监控、预报预警，及时发现和消除安全隐患。实现对重点工程项目、设备、作业人员的动态监控，提高工作效率	**询问：** 询问相关职能部门目前企业有哪些安全生产管理信息系统或平台。 检查： 1. 观察使用操作人员是否能够正常使用系统或平台； 2. 信息系统在线使用情况。 **抽查过程记录：** 查安全管理信息系统或平台应用的记录	5	1. 未建立安全生产管理系统或平台的，扣5分； 2. 安全生产管理系统或平台不能正常使用的，扣2分； 3. 使用人员不能正确使用系统或平台，或没有使用记录的，扣1分		

续上表

评价类目	评价项目		释　义	评价方法	标准分值	评价标准		得分
						扣分项	否决项	
八、安全技术管理(80分)	4. 安全生产信息化	②企业对船舶、大型起重设备应按照规定设置动态监控系统	企业应根据自身行业特点对船舶、大型起重设备建立远程动态监控系统，动态掌握其位置、现场环境状况、使用情况，并及时更新、维护，确保安全使用。同时，规范管理监视和测量设备，定期进行校准和维护，确保监控数据的完整性和精确性	**询问：** 询问相关职能部门，企业目前是否设置船舶、大型起重设备动态监控信息系统。 检查： 1. 观察使用操作人员是否能够正常使用监控系统； 2. 动态监控系统的在线使用情况。 **抽查过程记录：** 查看日常使用记录；监视监控设备定期校准维护资料	5	1. 对船舶、大型起重设备未设置动态监控系统，不得分；缺少一项，扣1分，最多扣2分； 2. 已设置的动态监控系统未正常使用的，扣1分； 3. 使用人员不能正确使用或无使用记录的，扣1分； 4. 未提供监视监控设备定期校准维护资料的，扣1分		

续上表

评价类目	评价项目		释义	评价方法	标准分值	评价标准		得分
						扣分项	否决项	
八、安全技术管理(80分)	4. 安全生产信息化	③企业对重点作业场所、工序、施工机械等宜设置远程监控系统	为加强监管,企业应根据自身特点,通过远程监控、物联网技术等现代信息化管理手段,实现对所承建的重要工程的重点作业场所、工序、施工机械设备的远程监控。发生突发事件时,企业可在第一时间启动应急预案,及时、科学指导施救和纠错	**询问:** 询问相关职能部门,企业目前是否对重点作业场所、工序、施工机械等设置远程监控系统。 **检查:** 1. 观察使用操作人员是否能够正常使用监控系统; 2. 是否建立了其他安全生产监管信息系统,如视频监控、值班、投诉、督查、警报等。 **抽查过程记录:** 查看安全监控信息系统能够正常使用及日常使用记录	5	1. 对重点作业场所、工序、机械等未设置任何远程监控系统的,不得分;缺少一项,扣1分,最多扣5分; 2. 已设置的安全远程监控系统不能正常使用的,扣2~4分; 3. 不能提供日常使用记录或定期维护资料的,扣1分		

续上表

评价类目	评价项目		释义	评价方法	标准分值	评价标准		得分
						扣分项	否决项	
九、隐患排查和治理（90分）	1.隐患排查	①企业应落实隐患排查治理和防控责任制，组织事故隐患排查治理工作，实行从隐患排查、记录、监控、治理、销账到报告的闭环管理	《中华人民共和国安全生产法》第三十八条规定：生产经营单位应当建立健全生产安全事故隐患排查治理制度，采取技术、管理措施，及时发现并消除事故隐患。 《公路水路行业安全生产隐患治理管理暂行办法》（交安监发〔2017〕60号）第九条规定：生产经营单位应当建立健全隐患排查、告知（预警）、整改、评估验收、报备、奖惩考核、建档等制度，逐级明确隐患治理责任，落实到具体岗位和人员。 企业应依据有关法律法规、标准规范等，制定隐患排查治理和防控制度，实行从隐患排查、记录、监控、治理、销账到报告的闭环管理	**查资料：** 1. 隐患排查治理和防控相关制度； 2. 隐患排查相关记录和报告	10 ★★★	1. 企业应制定隐患排查治理和防控相关制度； 2. 制度应明确安全隐患排查、记录、监控、治理、销账和报告等闭环要求；实际工作中应按此闭环要求执行； 3. 企业应明确隐患排查治理的责任部门和人员		

续上表

评价类目	评价项目		释义	评价方法	标准分值	评价标准		得分
						扣分项	否决项	
九、隐患排查和治理(90分)	1. 隐患排查	②企业应依据有关法律法规、标准规范等,组织制定各部门、岗位、场所、设备设施的隐患排查治理标准或排查清单,明确隐患排查的时限、范围、内容和要求,并组织开展相应的培训。隐患排查的范围应包括所有与生产经营相关的场所、人员、设备设施和活动,包括承包商和供应商等相关服务范围	依据《安全生产事故隐患排查治理暂行规定》(国家安全生产监督管理总局令第16号)《公路水路行业安全生产隐患治理管理暂行办法》(交安监发〔2017〕60号)要求,组织制定各部门、岗位、场所、设备设施的隐患排查治理标准或排查清单,明确隐患排查的时限、范围、内容和要求,并组织开展相应的培训。隐患排查的范围应包括所有与生产经营相关的场所、人员、设备设施和活动,包括承包商和供应商等相关服务范围	**查资料:** 1. 隐患排查治理标准或排查清单; 2. 隐患排查方案和记录; 3. 培训的计划和记录	10 AR	1. 未组织制定各部门、岗位、场所、设备设施的隐患排查治理标准或排查清单,扣5分,标准或清单内容不全的,扣1~3分; 2. 未制定隐患排查方案,扣2分,隐患排查的时限、范围、内容和要求缺1项,扣0.5分,最多扣2分; 3. 隐患排查的范围未包括所有与生产经营相关的场所、环境、人员、设备设施和活动,扣2分; 4. 无开展相应的培训的计划和记录,扣1分		

续上表

评价类目	评价项目		释　义	评价方法	标准分值	评价标准		得分
						扣分项	否决项	
九、隐患排查和治理（90分）	1.隐患排查	③生产经营单位应当建立事故隐患日常排查、定期排查和专项排查工作机制。日常排查每周应不少于1次，定期排查每半年应不少于1次，并根据政府及有关管理部门安全工作的专项部署、季节性变化或安全生产条件变化情况进行专项排查	《公路水路行业安全生产隐患治理管理暂行办法》（交安监发〔2017〕60号）第十一条规定：生产经营单位应当建立隐患日常排查、定期排查和专项排查工作机制，明确隐患排查的责任部门和人员、排查范围、程序、频次、统计分析、效果评价和评估改进等要求，及时发现并消除隐患。 第十二条规定：日常排查每周应不少于1次。 第十三条规定：隐患专项排查是生产经营单位在一定范围、领域组织开展的针对特定隐患的排查，一般包括：	**查资料：** 隐患排查记录	10	1. 未开展事故隐患日常排查、定期排查和专项排查工作，不得分；缺一项，扣2分，最多扣10分； 2. 定期排查每半年少于1次，扣2分； 3. 未根据政府及有关管理部门安全工作的专项部署、季节性变化或安全生产条件变化情况进行专项排查的记录，扣2分		

续上表

评价类目	评价项目		释义	评价方法	标准分值	评价标准		得分
						扣分项	否决项	
九、隐患排查和治理（90 分）	1. 隐患排查		（一）根据政府及有关管理部门安全工作专项部署，开展针对性的隐患排查； （二）根据季节性、规律性安全生产条件变化，开展针对性的隐患排查； （三）根据新工艺、新材料、新技术、新设备投入使用对安全生产条件形成的变化，开展针对性的隐患排查； （四）根据安全生产事故情况，开展针对性的隐患排查。 第十四条规定：定期排查每半年应不少于 1 次					

续上表

评价类目	评价项目		释义	评价方法	标准分值	评价标准		得分
						扣分项	否决项	
九、隐患排查和治理（90分）	1.隐患排查	④企业应填写事故隐患排查记录，依据确定的隐患等级划分标准对发现或排查出的事故隐患进行判定，确定事故隐患等级并进行登记，形成事故隐患清单。企业应将重大事故隐患向属地负有安全生产监督管理职责的交通运输管理部门备案	企业应根据《公路水路行业安全生产隐患治理管理暂行办法》（交安监发〔2017〕60号）中重大隐患的判定原则，制定企业重大隐患判定标准，依据确定的隐患等级划分标准对发现或排查出的事故隐患进行判定，确定事故隐患等级并进行登记，形成事故隐患清单。 企业应通过系统将重大事故隐患向属地负有安全生产监督管理职责的交通运输管理部门备案	**查资料：** 1. 企业重大隐患判定标准文件； 2. 隐患排查记录； 3. 事故隐患清单； 4. 企业通过系统将重大事故隐患向属地负有安全生产监督管理职责的交通运输管理部门备案记录	10 ★★★	1. 企业应制定本企业重大隐患判定标准； 2. 企业应依据确定的隐患等级划分标准，对发现或排查出的事故隐患进行判定； 3. 企业应确定事故隐患等级并进行登记，形成事故隐患清单； 4. 企业重大事故隐患应向属地负有安全生产监督管理职责的交通运输管理部门备案记录		

续上表

评价类目	评价项目		释义	评价方法	标准分值	评价标准		得分
						扣分项	否决项	
九、隐患排查和治理(90分)	2.隐患治理	①对于一般事故隐患,企业应按照职责分工立即组织整改,确保及时进行治理	《中华人民共和国安全生产法》第十八条规定:督促、检查本单位的安全生产工作,及时消除生产安全事故隐患。 《公路水路行业安全生产隐患治理管理暂行办法》(交安监发〔2017〕60号)第十九条规定:生产经营单位应对排查出的隐患立即组织整改,隐患整改情况应当依法如实记录,并向从业人员通报。故对于一般事故隐患,企业应按照职责分工立即组织整改,做到定治理措施、定负责人、定资金来源、定治理期限、定预案,确保及时进行治理	**查资料:** 隐患排查治理记录	5	1.企业未保留相关文件资料及活动记录,扣2分; 2.未及时组织隐患治理或整改不到位,扣1分; 3.未做到定治理措施、定负责人、定资金来源、定治理期限、定预案,扣1分; 4.未落实一般安全隐患防范和整改措施,扣1分		

续上表

评价类目	评价项目		释义	评价方法	标准分值	评价标准		得分
						扣分项	否决项	
九、隐患排查和治理（90分）	2. 隐患治理	②对于重大事故隐患，企业主要负责人组织制定专项隐患治理整改方案，并确保整改措施、责任、资金、时限和预案“五到位”。整改方案应包括： a. 整改的目标和任务； b. 整改方案和整改期的安全保障措施； c. 经费和物资保障措施； d. 整改责任部门和人员； e. 整改时限及节点要求；	《公路水路行业安全生产隐患治理管理暂行办法》（交安监发〔2017〕60号）第二十二条规定：重大隐患整改应制定专项方案，包括以下内容： （一）整改的目标和任务； （二）整改技术方案和整改期的安全保障措施； （三）经费和物资保障措施； （四）整改责任部门和人员； （五）整改时限及节点要求； （六）应急处置措施； （七）跟踪督办及验收部门和人员。	**查资料：** 1. 重大隐患清单； 2. 专项隐患治理整改方案和记录	5 AR	1. 未组织制定专项隐患治理整改方案，缺一项扣1分； 2. 整改专项方案不符合要求，每处扣1分； 3. 无“五到位”的记录和证据，扣1分		

续上表

评价类目	评价项目		释义	评价方法	标准分值	评价标准		得分
						扣分项	否决项	
九、隐患排查和治理（90分）	2. 隐患治理	f. 应急处置措施； g. 跟踪督办及验收部门和人员	《安全生产事故隐患排查治理暂行规定》（国家安全生产监督管理总局令第16号）规定：企业应当按照国家有关规定将本单位重大危险源及有关安全措施、应急措施，报负有安全生产监督管理的部门和有关部门备案，做到整改措施、责任、资金、时限和预案“五到位”					
		③企业在事故隐患整改过程中，应采取相应的监控防范措施，防止发生次生事故	《公路水路行业安全生产隐患治理管理暂行办法》（交安监发〔2017〕60号）第二十一条规定：生产经营单位在隐患整改过程中，应当采取相应的安全防范措施，防范发生安全生产事故	**查资料：** 1. 企业在事故隐患整改过程中，采取相应的监控防范措施的记录和证据； 2. 事故报告	10	1. 企业在事故隐患整改过程中，无采取相应的监控防范措施的记录和证据，扣1～5分； 2. 有发生次生事故的，扣5分		

续上表

评价类目	评价项目		释义	评价方法	标准分值	评价标准		得分
						扣分项	否决项	
九、隐患排查和治理（90分）	2.隐患治理	④事故隐患整改完成后，企业应按规定进行验证或组织验收，出具整改验收结论，并签字确认。重大事故隐患整改验收通过的，企业应将验收结论向属地负有安全生产监督管理职责的交通运输管理部门报备，并申请销号	《公路水路行业安全生产隐患治理管理暂行办法》（交安监发〔2017〕60号）第二十条规定：一般隐患整改完成后，应由生产经营单位组织验收，出具整改验收结论，并由验收主要负责人签字确认。第二十四条规定：重大隐患整改验收通过的，生产经营单位应将验收结论向属地负有安全生产监督管理职责的交通运输管理部门报备，并申请销号	**查资料：** 隐患整改验收记录。 **查系统：** 1.重大事故隐患报备资料； 2.销号申请记录和申报材料	10 ★★★	1.一般隐患和重大隐患整改完成后，生产经营单位应组织验收； 2.应做好整改验收结论记录；验收主要负责人应签字确认； 3.重大事故隐患整改验收通过的，企业应将验收结论向属地负有安全生产监督管理职责的交通运输管理部门报备； 4.应健全销号申请记录或报备申请材料		

续上表

评价类目	评价项目		释义	评价方法	标准分值	评价标准		得分
						扣分项	否决项	
九、隐患排查和治理(90分)	2.隐患治理	⑤企业应对重大事故隐患形成原因及整改工作进行分析评估,及时完善相关制度和措施,依据有关规定和制度对相关责任人进行处理,并开展有针对性的培训教育	《公路水路行业安全生产隐患治理管理暂行办法》(交安监发〔2017〕60号)第二十五条规定:重大隐患整改验收完成后,生产经营单位应对隐患形成原因及整改工作进行分析评估,及时完善相关制度和措施,依据有关规定和制度对相关责任人进行处理,并开展有针对性的培训教育	**查资料:** 1.重大隐患分析评估记录和文件资料; 2.对相关制度和措施修改完善记录; 3.相关责任人进行处理文件记录; 4.开展针对性的培训教育的记录	10	1.生产经营单位不能提供对隐患形成原因及整改工作进行分析评估记录和文件资料,扣4分; 2.未根据分析评估结果,对相关制度和措施修改完善,扣2分; 3.依据规定和制度未对相关责任人进行处理且无处理文件记录,扣2分; 4.未开展针对性的培训教育的记录,扣2分		

续上表

评价类目	评价项目		释 义	评价方法	标准分值	评价标准		得分
						扣分项	否决项	
九、隐患排查和治理(90分)	2.隐患治理	⑥企业应对事故隐患排查治理情况如实记录,建立相关台账,并定期组织对本单位事故隐患治理情况进行统计分析,及时梳理、发现安全生产问题和趋势,形成统计分析报告,改进安全生产工作	《公路水路行业安全生产隐患治理管理暂行办法》(交安监发〔2017〕60号)第十七条规定:生产经营单位应认真填写隐患排查记录,形成隐患排查工作台账,包括排查对象或范围、时间、人员、安全技术状况、处理意见等内容,经隐患排查直接责任人签字后妥善保存。第二十六条规定:生产经营单位应当根据生产经营活动特点,定期组织对本单位隐患治理情况进行统计分析,及时梳理、发现安全生产苗头性问题和规律,形成统计分析报告,改进安全生产工作	**查资料:** 1. 隐患排查工作台账; 2. 隐患治理情况进行统计分析记录	10	1. 生产经营单位填写隐患排查记录不准确、不全面,扣1分; 2. 隐患排查工作台账不完整、不规范(如缺少排查对象或范围、时间、人员、安全技术状况、处理意见等内容),每项扣1分,最多扣5分;未及时归档保存,扣1分; 3. 未进行统计分析的,扣1分; 4. 未根据分析报告,改进安全生产工作,扣2分;有改进,无记录的,扣1分		

续上表

评价类目	评价项目		释义	评价方法	标准分值	评价标准		得分
						扣分项	否决项	
十、职业健康(50分)	1.人身保险	①企业应为职工办理工伤保险	工伤保险是社会保险制度中的重要组成部分。是指国家和社会为在生产、工作中遭受事故伤害和患职业性疾病的劳动者及亲属提供医疗救治、生活保障、经济补偿、医疗和职业康复等物质帮助的一种社会保障制度。 《中华人民共和国安全生产法》规定:生产经营单位必须依法参加工伤保险,为从业人员缴纳保险费。《中华人民共和国职业病防治法》规定:用人单位必须依法参加工伤保险	**查资料:** 1.查看是否有依法为从业人员缴纳工伤保险的制度或文件; 2.查看企业为职工缴纳工伤保险的记录。 **抽查过程记录:** 根据企业员工花名册,在缴纳工伤保险的社保明细中核实其真实性	5	1.未制定有关企业为职工缴纳工伤保险的制度或文件,扣1分; 2.未按规定为企业职工缴纳工伤保险,扣3分; 3.未能提供工伤保险缴费明细或明细不能反映缴费范围内的员工全部缴纳了工伤保险,扣1分		

续上表

评价类目	评价项目		释义	评价方法	标准分值	评价标准		得分
						扣分项	否决项	
十、职业健康(50分)	1. 人身保险	②企业应在作业期间为从事危险作业的人员办理意外伤害险	《建设工程安全生产管理条例》规定:单位应当为施工现场从事危险作业的人员办理意外伤害保险。意外伤害保险费由施工单位支付。实行施工总承包的,由总承包单位支付意外伤害保险费。意外伤害保险期限自建设工程开工之日起至竣工验收合格止	**查资料:** 为从事危险作业人员在作业期间办理意外伤害险的相关资料。 **抽查过程记录:** 查办理保单及发票资料	10 ★★	1. 未按规定为从事危险作业人员办理意外伤害险,不得分; 2. 未能提供办理意外伤害险的相关资料,扣5分		

续上表

评价类目	评价项目		释义	评价方法	标准分值	评价标准		得分
						扣分项	否决项	
十、职业健康（50分）	1.人身保险	③企业应投保安全生产责任险	安全生产责任保险，是指保险机构对投保的生产经营单位发生的生产安全事故造成的人员伤亡和有关经济损失等予以赔偿，并且为投保的生产经营单位提供生产安全事故预防服务的商业保险。 《中华人民共和国安全生产法》规定：国家鼓励生产经营单位投保安全生产责任保险。《公路水运工程安全生产监督管理办法》规定：鼓励从业单位投保安全生产责任保险和意外伤害保险。具体按照《安全生产责任保险实施办法》规定实施	**查资料：** 按规定，企业投保安全生产责任险的相关资料及记录。 **抽查过程记录：** 查投保保单及发票资料	5	1.未投保安全生产责任险的，不得分； 2.未能提供投保安全生产责任险的相关资料，扣3分		

续上表

评价类目	评价项目		释　义	评价方法	标准分值	评价标准		得分
						扣分项	否决项	
十、职业健康（50分）	2.职业危害告知和警示	企业应对从业人员进行职业危害书面告知和职业健康宣传培训	《中华人民共和国职业病防治法》规定：用人单位应当对劳动者进行上岗前的职业卫生培训和在岗期间的定期职业卫生培训，普及职业卫生知识，督促劳动者遵守职业病防治法律、法规、规章和操作规程，指导劳动者正确使用职业病防护设备和个人使用的职业病防护用品。劳动者发现职业病危害事故隐患应当及时报告。 企业要对产生严重职业病危害的作业岗位，应当在其醒目位置设置警示标识和中文警示说明。警示说明应当载明产生职业病危害的种类、后果、预防以及应急救治措施等内容	**查资料：** 1. 制定对从业人员及相关方进行职业健康宣传培训的制度； 2. 企业按规定对从业人员及相关方进行作业场所和工作岗位存在的危险因素和职业危害、防范措施和应急处理措施的宣传培训。 **询问：** 询问从业人员是否熟悉本工作岗位存在的职业危险因素和职业危害、防范措施和应急处理措施等。 **抽查过程记录：** 书面告知和教育和培训的记录	15 ★★★	1. 企业应按规定对从业人员及相关方进行作业场所和工作岗位存在的危险因素和职业危害、防范措施和应急处理措施的书面告知；应提供书面告知相关记录，内容要有针对性； 2. 应对从业人员进行职业危险方面的教育和培训；应提供相关记录； 3. 对产生严重职业危害的作业岗位，应按规定设置警示标识和说明； 4. 抽查询问从业人员应了解本工作岗位存在的职业危险因素和职业危害、防范措施和应急处理措施等		

续上表

评价类目	评价项目		释义	评价方法	标准分值	评价标准		得分
						扣分项	否决项	
十、职业健康（50分）	3.劳动保护	①企业应为从业人员提供符合职业健康要求的工作环境和条件，配备合格有效、符合安全生产要求的施工设施、设备、劳动防护用品及相关的安全检测器具等，并应留存相关记录	《中华人民共和国职业病防治法》规定：用人单位必须采用有效的职业病防护设施，并为劳动者提供个人使用的职业病防护用品。用人单位为劳动者个人提供的职业病防护用品必须符合防治职业病的要求；不符合要求的，不得使用。 对职业病防护设备、应急救援设施和个人使用的职业病防护用品，用人单位应当进行经常性的维护、检修，定期检测其性能和效果，确保其处于正常状态，不得擅自拆除或者停止使用	**查资料：** 1.是否规定了为从业人员提供符合职业健康要求的工作环境和条件，配备与职业健康保护相适应的设施、设备和劳动防护用品的要求； 2.企业是否按规定监督检查。 **抽查过程记录：** 企业本部相关职能部门人员到现场的检查记录中是否涉及劳动保护、设施、设备、用品等相关内容	10 AR	1.企业未规定为从业人员提供符合职业健康要求的工作环境和条件，配备与职业健康保护相适应的设施、设备和劳动防护用品的要求，扣3分； 2.未能提供按规定监督检查施工现场落实此项要求内容的检查记录，扣2分； 3.发现配备的施工设施、设备、劳动防护用品及相关的安全检测器具等有失效或不符合安全生产要求的，扣5分		

续上表

评价类目	评价项目		释义	评价方法	标准分值	评价标准		得分
						扣分项	否决项	
十、职业健康(50分)	3.劳动保护	②企业对可能造成职业危害的岗位应实行轮岗制度，或定期安排员工休假、疗养	《中华人民共和国职业病防治法》规定：用人单位应当按照国家有关规定，安排职业病病人进行治疗、康复和定期检查。用人单位对不适宜继续从事原工作的职业病病人，应当调离原岗位，并妥善安置	**查资料：** 1. 结合企业实际，制定职业危害岗位轮岗制度或定期休假、疗养制度； 2. 存在职业病危害的岗位名录或清单。 **抽查过程记录：** 存在职业危害的岗位员工实行轮岗、休假、疗养等活动相关记录过程和档案资料	5	1. 未制定职业危害岗位轮岗制度或定期休假、疗养规定的，扣2分； 2. 未提供存在职业病岗位名录或清单的，扣1分； 3. 对会造成职业危害的岗位未按规定安排员工实行轮岗或休假、疗养的，扣2分		

续上表

评价类目	评价项目		释义	评价方法	标准分值	评价标准		得分
						扣分项	否决项	
十一、安全文化（30分）		企业应通过宣传栏、企业网站和报刊等媒介宣传企业安全文化	所称“安全文化”是指被企业组织的员工群体所共享的安全价值观、态度、道德和行为规范组成的统一体。加强安全教育基地建设，充分利用电视、互联网、报纸、广播等多种形式和手段普及安全常识，增强全社会科学发展、安全发展的思想意识。 企业应通过“安全承诺”的形式约束和规范自身的行为，接受政府、社会和从业人员的监督。 “安全承诺”是指由企业公开做出的、代表了全体员工在关注安全和追求安全绩效方面所具有的稳定意愿及实践行动的明确表示	**查资料：** 1. 查企业开展安全承诺活动证明资料； 2. 查企业安全文化阵地的表现形式有哪些，包括：安全文化廊、安全角、黑板报、宣传栏、简报或者微信、手机报等电子信息； 3. 查企业宣传安全文化的展示内容资料； 4. 企业安全文化宣传内容是否做到每月及时更新宣传。 **询问：** 抽查员工是否了解安全承诺的内容。 **抽查过程记录：** 保存有安全文化的各期内容，包括电子文档信息、相关资料、图片等信息	30 ★	1. 企业未开展安全承诺活动，扣5分； 2. 相关人员不了解安全承诺内容的，每人次扣0.5分，最多扣17分； 3. 未提供相关平台、途径进行企业安全文化宣传的，扣3分； 4. 安全文化宣传内容陈旧、更新不及时的，扣2分		

续上表

评价类目	评价项目		释义	评价方法	标准分值	评价标准		得分
						扣分项	否决项	
十二、应急管理(100分)	1. 预案制定	①企业应制定相应的生产安全事故应急预案并发布	生产安全事故应急救援预案是针对本单位在生产生活中可能遇到的事故而预先制定的应对方案，是规范和指导生产安全事故应急救援工作的基础性文件。企业应按照《生产安全事故应急预案管理办法》进行编制、评审、公布、备案、宣传、教育、培训、演练、评估、修订及监督管理工作	**查资料：** 1. 制定的生产安全事故应急预案，经评审或者论证后，由本单位主要负责人签署公布，并以文件形式发布； 2. 查看应急预案或措施是否到位； 3. 按规定发布发放到本单位相关部门、岗位和相关应急救援队伍的记录。 **询问：** 相关部门及人员是否了解应急措施等内容。 **抽查过程记录：** 生产安全事故应急预案编制、审批、修订、签发等过程记录或评审记录	20 ★★★	1. 企业应制定生产安全事故应急救援预案，应急预案的格式和内容应符合有关规定； 2. 应提供生产安全事故应急预案编制、评审、审批、签发、备案、培训、修订等过程记录； 3. 应急预案应以企业主要负责人签署公布； 4. 抽查有关人员应熟悉应急预案和应急处置方案或措施等； 5. 应急预案或措施应覆盖生产经营业务范围		

续上表

评价类目	评价项目		释义	评价方法	标准分值	评价标准		得分
						扣分项	否决项	
十二、应急管理(100分)	1.预案制定	②应急预案应分为综合应急预案、专项应急预案和现场处置方案	综合应急预案是指生产经营单位为应对各种生产安全事故而制定的综合性工作方案,是本单位应对生产安全事故的总体工作程序、措施和应急预案体系的总纲。专项应急预案是指生产经营单位为应对某一种或者多种类型生产安全事故,或者针对重要生产设施、重大危险源、重大活动防止生产安全事故而制定的专项性工作方案。现场处置方案是指生产经营单位根据不同生产安全事故类型,针对具体场所、装置或者设施所制定的应急处置措施	**查资料:** 1. 按规定编制企业综合应急预案、专项应急预案和现场处置方案,查看各类应急预案的编制内容是否符合法律、法规、规章的规定或者实际需要; 2. 建立各类应急预案动态管理台账。 **抽查活动记录:** 综合应急预案、专项应急预案和现场处置方案的编制、审批、修订、签发等过程记录或评审记录	20 ★★	1. 未按计划编制各类应急预案,或预案的格式和内容不符合法律、法规、规章的规定或者实际需要的,扣10分; 2. 未能提供各类应急预案的编制、审批、修订、签发等过程记录或评审记录,扣2分; 3. 各类应急预案与企业实际,缺乏针对性、可行性,各类预案之间缺乏相互衔接性,扣5分; 4. 未建立企业各类应急预案动态管理台账,扣3分		

续上表

评价类目	评价项目		释　　义	评价方法	标准分值	评价标准		得分
						扣分项	否决项	
十二、应急管理(100分)	1.预案制定	③企业应定期评审应急预案,并应根据评审结果或实际情况的变化进行对应急预案及时修订和完善。应急预案至少每3年应修订一次,预案修订情况应有记录	《生产安全事故应急预案管理办法》规定:应急预案编制单位应当建立应急预案定期评估制度,对预案内容的针对性和实用性进行分析,并对应急预案是否需要修订作出结论。应当每3年进行一次应急预案评估。预案修订情况应有记录并归档。 企业各类应急预案的评审应符合《生产经营单位生产安全事故应急预案评审指南(试行)》的规定	**查资料:** 1.是否制定应急预案定期评估制度或规定,明确评审和修订的责任部门或岗位、依据、频次、程序等要求; 2.按规定对应急预案实施评审,是否从合法性、完整性、针对性、实用性、科学性、操作性、衔接性七个方面进行评审; 3.根据评审结果或实际情况的变化进行修订完善,重新修订后是否重新备案的记录。 **抽查过程记录:** 1.查看应急预案的评审记录; 2.是否对预案及时进行了修订,修订是否留存记录,修订后的预案重新备案记录	15	1.未定期评审或无相关记录的,不得分; 2.未根据评审结果或实际情况的变化及时修订的,发现一处扣1分,最多扣5分; 3.开展应急预案评审,未从七个方面进行评审,扣5分; 4.修订后未正式发布或未重新备案的,扣5分		

续上表

评价类目	评价项目		释义	评价方法	标准分值	评价标准		得分
						扣分项	否决项	
十二、应急管理(100分)	2.预案实施	①企业应开展应急预案的宣传教育,普及生产安全事故预防、避险、自救和互救知识	《生产安全事故应急预案管理办法》规定:生产经营单位应当采取多种形式开展应急预案的宣传教育,普及生产安全事故避险、自救和互救知识,提高从业人员和社会公众的安全意识与应急处置技能	**查资料:** 企业开展应急预案的宣传教育等活动资料。 **询问:** 相关人员是否熟悉应急预案的自救、互救知识。 **抽查过程记录:** 宣传教育的相关记录,如签到表、宣传材料、活动照片等	15	1. 预案发布后,未开展形式多样的宣传教育活动,扣5分; 2. 宣传教育内容缺项的,扣5分; 3. 宣传教育活动未留存相关记录,扣3分; 4. 抽查有关人员不熟悉应急预案的自救、互救知识,扣2分		

续上表

评价类目	评价项目		释义	评价方法	标准分值	评价标准		得分
						扣分项	否决项	
十二、应急管理（100分）	2.预案实施	②企业应开展应急预案培训活动，有关人员应掌握应急预案内容，熟悉应急职责、应急程序和应急处置方案	《生产安全事故应急预案管理办法》规定：生产经营单位应当组织开展本单位的应急预案、应急知识、自救互救和避险逃生技能的培训活动，使有关人员了解应急预案内容，熟悉应急职责、应急处置程序和措施	**查资料：** 1.制定应急预案的培训计划； 2.按计划组织实施培训和考核，建立应急预案培训档案； 3.查看企业开展应急预案培训活动的相关记录资料。 **询问：** 询问相关人员是否参加了应急预案培训，是否了解应急预案内容，熟悉应急职责、应急程序和应急处置方案等。 **抽查过程记录：** 应急预案培训及考核等记录	15 ★★★	1.企业应开展应急预案培训； 2.应急预案培训应留存相关的记录，记录齐全； 3.抽查应急预案中相关部门及人员应熟悉预案内容、应急职责、应急程序等		

续上表

评价类目	评价项目		释义	评价方法	标准分值	评价标准		得分
						扣分项	否决项	
十二、应急管理（100分）	2.预案实施	③企业应制定应急预案演练计划，并应按计划组织演练。演练可通过实战演练、桌面推演等方式组织实施	《生产安全事故应急预案管理办法》规定：生产经营单位应当制定本单位的应急预案演练计划，根据本单位的事故风险特点，每年至少组织一次综合应急预案演练或者专项应急预案演练，每半年至少组织一次现场处置方案演练。 实战演练是根据预案的内容而组织进行的一种模拟应急响应的现场实践活动。桌面推演通常在室内完成。 企业应按照《生产安全事故应急演练评估规范》（AQ/T 9009—2015）的规定对演练进行总结和评估，根据评估结论和演练发现的问题，修订、完善应急预案，改进应急准备工作	**查资料：** 1. 制定应急预案演练计划，明确应急演练内容、演练时间、演练组织部门、参与部门及人员、演练方式等； 2. 应急预案演练方案； 3. 组织应急演练过程活动记录资料； 4. 应急演练的评估记录。 **抽查过程记录：** 演练现场照片、视频等	15 ★★★	1. 企业应按规定制定应急预案演练计划； 2. 企业应按规定定期组织应急演练； 3. 应急预案演练应制定演练方案；演练应具针对性； 4. 企业应提供预案演练过程活动和评估记录		

续上表

评价类目	评价项目		释义	评价方法	标准分值	评价标准		得分
						扣分项	否决项	
十三、事故报告、调查与处理(80分)	1.事故报告	发生事故后,企业应按规定及时向事故发生所在地相关部门及企业主管单位报告,不得迟报、漏报、谎报或瞒报	《中华人民共和国安全生产法》规定:生产经营单位发生生产安全事故后,事故现场有关人员应当立即报告本单位负责人。单位负责人接到事故报告后,应当迅速采取有效措施,组织抢救,防止事故扩大,减少人员伤亡和财产损失,并按照国家有关规定1h内如实报告当地负有安全生产监督管理职责的部门和负有安全监管职责的部门,不得隐瞒不报、谎报或者迟报,不得故意破坏事故现场、毁灭有关证据。	**查资料:** 1.查看企业制定的生产安全事故报告制度,内容是否符合法律、法规的规定; 2.事故快报记录,是否按规定如实逐级报告; 3.查看事故档案,是否存在迟报、漏报、谎报和瞒报。 **询问:** 1.相关职能部门及从业人员是否熟悉发生事故后的报告对象、接报人联系方式、报告时限、应急措施; 2.企业负责人是否熟悉事故报告职责和报告时限、报告内容等	30 ★★★	1.企业制定的生产安全事故报告制度,其内容应符合法律、法规的规定; 2.查看事故快报表记录,不得存在迟报、漏报、谎报和瞒报; 3.抽查从业人员应清楚发生事故后的报告对象、接报人联系方式、报告时限、应急措施等; 4.询问企业负责人应了解事故报告职责和报告时限,以及事故迟报、漏报、谎报和瞒报的情节认定规定等		

续上表

评价类目	评价项目		释义	评价方法	标准分值	评价标准		得分
						扣分项	否决项	
十三、事故报告、调查与处理（80分）	1.事故报告		《生产安全事故报告和调查处理条例》规定：事故发生后，事故现场有关人员应当立即向本单位负责人报告。 《〈生产安全事故报告和调查处理条例〉罚款处罚暂行规定》明确了迟报、漏报、谎报和瞒报的情形认定	3.企业负责人是否熟悉迟报、漏报、谎报和瞒报的情节认定。 **抽查过程记录：** 1.抽查相关会议记录、事故档案台账和对外联系记录以证实发生的事故得到了及时报告； 2.查看安全日志、事故案卷等记录，以查验发生事故是否按规定进行了报告； 3.因抢救人员、防止事故扩大以及疏通交通等原因，需要移动事故现场物件的，是否做出标志，绘制现场简图并做出书面记录，并妥善保存现场重要痕迹、物证；相关记录资料				

续上表

评价类目	评价项目		释义	评价方法	标准分值	评价标准		得分
						扣分项	否决项	
十三、事故报告、调查与处理(80分)	2.事故调查与处理	①接到事故报告后,企业应立即启动应急响应,迅速采取有效措施、组织抢救	及时施救,防止事故扩大,减少人员伤亡和财产损失是企业应对安全事故基本责任要求。 企业应按《中华人民共和国安全生产法》和《生产安全事故报告和调查处理条例》规定,接到事故报告后,单位负责人应当立即启动事故相应应急预案,采取有效措施,组织抢救,防止事故扩大,减少人员伤亡和财产损失	**查资料:** 1.查看企业制定生产安全事故调查与处理制度;制度内容应符合法律、法规的规定; 2.查看启动和结束应急救援预案的记录。 **询问:** 企业负责人、各职能部门负责人是否了解事故时各自的职责,以及采取的应急措施有哪些;是否接到应急救援领导小组指挥长指令。 **抽查过程记录:** 1.抽查事故案卷台账,以查验事故的处置是否按制度要求执行; 2.应急领导小组的指令执行情况	25 AR	1.查看企业安全生产事故调查与处理制度,未明确企业响应处置程序,扣5分; 2.按规定,企业负责人未立即启动应急救援预案、组织抢救的,不得分; 3.相关人员不清楚其应急职责,以及应采取的措施,扣2~5分; 4.措施不当或不力,致使处置效果不理想的,扣1~5分; 5.未能提供应急救援预案启动和结束的相关记录,扣5分		

续上表

<table>
<tr><th rowspan="2">评价类目</th><th rowspan="2" colspan="2">评价项目</th><th rowspan="2">释义</th><th rowspan="2">评价方法</th><th rowspan="2">标准分值</th><th colspan="2">评价标准</th><th rowspan="2">得分</th></tr>
<tr><th>扣分项</th><th>否决项</th></tr>
<tr><td>十三、事故报告、调查与处理(80分)</td><td>2.事故调查与处理</td><td>②发生事故后,企业有关领导和相关部门人员应立即赶赴现场,按规定成立事故调查组,积极配合各级人民政府组织的事故调查,并随时接受事故调查组的询问,如实提供有关情况</td><td>发生事故后,配合上级部门的事故调查是企业法定责任和义务。
《生产安全事故报告和调查处理条例》规定:事故发生单位的负责人和有关人员在事故调查期间不得擅离职守,并应当随时接受事故调查组的询问,如实提供有关情况。
企业按规定成立事故内部调查组,进行事故调查和配合上级部门事故调查,及时如实提供有关情况</td><td>查资料:
1.查看企业生产安全事故调查与处理制度,是否明确事故调查的有关内容;
2.企业内部事故调查组的相关记录;
3.查看事故档案中的相关记录。
询问:
询问有关人员发生事故后,是否成立了企业内部调查组对事故进行了调查;如何配合事故调查,并如实提供相关信息。
抽查过程记录:
抽查事故档案:事故调查报告内容、调查文件资料;企业内部事故处理情况</td><td>25</td><td>1.事故发生后,企业有关领导及相关部门未按制度要求立即奔赴现场,扣5分;
2.事故发生后,企业内部调查组未对事故实施调查的,扣5分;
3.发生事故时,未积极配合政府组织的事故调查,扣3分;
4.事故调查期间,负责人和有关人员擅离职守,1人次扣1分,最多扣5分;
5.企业内部未按“四不放过”原则对相关部门和人员进行处理,扣5~7分</td><td></td><td></td></tr>
</table>

续上表

评价类目	评价项目		释义	评价方法	标准分值	评价标准		得分
						扣分项	否决项	
十四、绩效评定与持续改进(30分)	1.绩效评定	①企业应每年至少一次对本单位安全生产标准化的运行情况进行自评,验证各项安全生产制度措施的适宜性、充分性和有效性	企业应按要求每年至少一次全面、系统地与本标准逐条、逐项进行判断和对比、打分、综合分析对本单位安全生产标准化的实施情况进行评定,验证各项安全生产制度措施的适宜性、充分性和有效性,总结安全生产工作现状,查找问题,持续改进	**查资料:** 1.安全生产标准化自评管理规定; 2.查开展自评活动的记录、报告等	10 ★★	1.未建立安全生产标准化自评管理制度的,扣5分; 2.自评活动的策划、实施、总结、报告等不符合要求的,扣1~5分		
		②企业主要负责人应全面负责自评工作。自评应形成正式文件,并将结果向所有部门、所属单位和从业人员通报,作为年度评价的重要依据	安全生产标准化自评工作应由企业主要负责人组织实施,自评结果要经主要负责人确认后向所有部门、所属单位和从业人员通报,并将结果作为年度评价的重要依据。自评报告内容应包含《交通运输企业安全生产标准化建设评价管理办法》中要求的全部内容	**查资料:** 1.查主要负责人组织实施自评工作的证明材料; 2.查安全生产标准化自评报告; 3.查自评报告向所有部门、所属单位和从业人员通报的证明材料	10	1.未提供主要负责人组织实施自评工作的证明材料(自评报告),扣5分; 2.自评报告内容或自评范围不完整的,扣1~5分; 3.自评报告未向所有部门、所属单位和从业人员通报的,扣3分		

续上表

评价类目	评价项目		释义	评价方法	标准分值	评价标准		得分
						扣分项	否决项	
十四、绩效评定与持续改进(30分)	2.持续改进	企业应根据安全生产标准化管理体系的自评结果和安全生产预测预警系统所反映的趋势,以及绩效评定情况,客观分析企业安全生产标准化管理体系的运行质量,及时调整完善安全生产目标、指标、规章制度、操作规程等相关管理文件和过程管控,持续改进,不断提高安全生产绩效	企业安全管理体系是指企业内部全部管理体系中专门管理安全工作的部分,包括为制定、实施、实现、评审和保持安全方针、目标所需的组织机构、职责、惯例、程序、过程和资源。 企业应制定安全生产标准化管理综合评价与改进制度,明确综合评价改进责任部门和相关责任人。 综合评价与改进的内容应包括与企业安全生产工作有关事项,至少包括标准化自评结果,安全生产预测预警系统所反映的趋势,以及绩效评定情况,一般通过会议形式进行,由企业安全生产第一责任人主持,各相关部门分别提供有关年度分析报告,制度还应明确会议计划制定与印发、会议材料准备、会议记录、综合评价与改进报告、	**查资料:** 1.安全管理体系综合评价与改进制度; 2.安全生产标准化管理综合评价与改进制度落实文件; 3.查综合评价与改进过程中发现问题的整改材料; 4.查相关机构颁发的管理体系认证证书	10	1.未制定安全管理体系综合评价与改进制度,扣2分; 2.未按要求对安全生产标准化管理体系进行综合评价分析,扣3分; 3.未对评价分析出的问题提出整改措施并组织实施的,每项扣1分,最多扣2分; 4.未取得有效的管理体系认证证书,扣2分		

续上表

评价类目	评价项目		释义	评价方法	标准分值	评价标准		得分
						扣分项	否决项	
十四、绩效评定与持续改进(30分)	2.持续改进		发现问题的处理等责任人和主要内容。 安全生产标准化管理综合评价与改进工作,一般安排在年度自评以后,对评价情况进行综合分析评定 在每年安全生产标准化管理综合评价与改进后,全面综合分析企业安全生产标准化管理工作,着眼长效,运用系统化和标准化管理的原理,完善各项安全生产目标指标、管理制度、操作规程等文件和控制过程,形成企业安全生产管理体系,以持续改进,不断提高安全生产绩效					

评分说明:

1.“★”为一级必备条件;“★★”为一、二级必备条件;“★★★”为一、二、三级必备条件,即所有一级企业必须满足一、二、三星要求,二级企业需满足二、三星要求,三级企业需满足三星要求。

2.除满足上述星项要求外,带有标注“AR”(Additional requirements 的意思)的项目执行限制扣分要求,申请一级的企业该项目扣分分值不得超过该项分值的10%,申请二级的企业该项目扣分分值不得超过该项分值的25%,申请三级的企业该项目扣分分值不得超过该项分值的40%,所有“★”项,二、三级企业按照“AR”项要求执行,所有“★★”项,三级企业按照“AR”项要求执行,所有评分项目中存在一项超过上述扣分要求的为达标建设不合格。

3.所有指标中要求的内容,如评审企业不涉及此项工作或当地主管机关未要求开展的,视为不涉及项处理,所得总分按照千分制比例进行换算。如:某企业不涉及项分数为100分,对照千分表去除不涉及项得分为720分,则最终评价得分为720/900×1000=800分。

第二章 交通运输建筑施工企业安全生产标准化评价扣分表

评价类目	评 价 项 目	标准分值	得分
一、目标与考核(50 分)	①企业应结合实际制定安全生产目标。安全生产目标应: a. 符合或严于相关法律法规的要求; b. 形成文件,并得到本企业所有从业人员的贯彻和实施; c. 与企业的职业安全健康风险相适应; d. 具有可考核性,体现企业持续改进的承诺; e. 便于企业员工及相关方获得	10 ★★★	
	②企业应根据安全生产目标制定可考核的安全生产工作指标,安全生产工作指标应不低于上级下达的安全生产目标	5	
	③企业应制定实现安全生产目标和工作指标的措施	10	
	④企业应制定安全生产年度计划和专项活动方案,并严格执行	10	
	⑤企业应将安全生产工作指标进行细化和分解,制定阶段性的安全生产控制指标,并予以考核	5	
	⑥企业应建立安全生产目标考核与奖惩的相关制度,并定期对安全生产目标完成情况予以考核与奖惩	10	

续上表

评价类目	评 价 项 目		标准分值	得分
二、管理机构与人员(70分)	1. 安全生产管理机构	①企业应设置独立的安全生产监督管理部门	15 ★★★	
		②企业至少每季度应召开一次安全生产委员会会议	15 AR	
	2. 管理人员配备	①企业应设置主管安全生产的负责人	15 ★★	
		②企业应设置安全总监,安全总监并宜持有国家注册安全工程师证书	10	
		③公路水运工程施工企业主要负责人和安全生产管理人员应持有相关部门、行业颁发的安全生产考核合格证书	15 ★★★	
三、安全责任体系(90分)	①企业主管生产的负责人应统筹组织生产过程中各项安全生产制度和措施的落实,完善安全生产条件,对企业安全生产工作负重要领导责任		20	
	②企业主管安全生产的负责人应协助企业安全生产第一责任人落实各项安全生产法律法规、标准,统筹协调和综合管理安全生产工作,对企业安全生产工作负综合管理领导责任		30	
	③企业技术负责人和其他负责人应按照分工抓好主管范围内的安全生产工作,对主管范围内的生产工作负领导责任		20	
	④企业从业人员应对本岗位工作范围内的安全生产工作负责		20 AR	

续上表

评价类目	评价项目		标准分值	得分
四、资质、法律法规和安全管理制度(80分)	1. 资质	①企业的《资质证书》《安全生产许可证》等应合法有效,应在资质规定的范围内承包工程,不得超越承包范围	5 ★★★	
		②企业宜通过安全生产管理体系等相关的认证	5	
	2. 法律法规与标准规范	企业每年应至少对适用的安全生产法律、法规、标准及其他要求文件进行一次符合性评价	10	
	3. 安全管理制度	①企业应制定符合法律法规、标准、条例以及企业实际的安全管理制度,包括安全生产责任制、安全生产例会制度、安全生产检查制度、安全生产教育培训制度、安全生产费用管理制度、危险作业安全管理制度、相关方安全生产监督管理制度、隐患排查治理制度等	20 ★	
		②企业应将安全生产管理制度发放到有关部门及岗位,及时将相关的制度传达给相关方	10 AR	
	4. 制度执行及档案管理	①企业应及时更新安全生产管理制度和操作规程,并应组织相关人员宣贯、学习修订后的安全生产管理制度和操作规程	15	
		②企业应建立安全生产各类管理台账和文件档案,并及时更新	15	

续上表

评价类目	评价项目		标准分值	得分
五、安全投入(70分)	1. 资金投入	①企业应编制年度安全费用提取和使用计划,计划中应包含企业总部计划和施工项目计划两部分内容	20	
		②安全生产费用的提取应以建筑安装工程造价为计提依据,提取标准应符合相关规定	15 ★★★	
	2. 费用管理	①企业安全费用的会计处理,应当符合国家统一的会计制度的规定	15	
		②企业相关监督职能部门应对企业年度安全生产费用提取和使用情况进行跟踪、监督检查	20 AR	
六、教育培训(90分)	1. 培训管理	①企业应按规定开展安全教育培训,明确安全教育培训目标、内容和要求,定期识别安全教育培训需求,制定并实施安全教育培训计划	5	
		②企业应组织安全教育培训,保证安全教育培训所需人员、资金和设施	5	
		③企业应做好安全教育培训记录,建立从业人员安全教育培训档案	10 AR	
		④企业应组织对培训效果的评估,改进提高培训质量	5	

续上表

评价类目	评 价 项 目		标准分值	得分
六、教育培训(90 分)	2. 资格培训	①企业的特种设备作业人员应按有关规定参加安全教育培训,取得《特种设备作业人员证》后,方可从事相应的特种设备作业或者管理工作,并按规定定期进行复审	10 ★★	
		②企业的特种作业人员应经专门的安全技术培训并考核合格,取得《中华人民共和国特种作业操作证》后,方可上岗作业,并按规定定期进行复审。离开特种作业岗位 6 个月以上的特种作业人员,应重新进行实际操作考试,经确认合格后方可上岗作业	10 AR	
	3. 宣传教育	企业应组织开展安全生产的法律、法规和安全生产知识的宣传、教育	5	
	4. 从业人员培训	①未经安全生产培训合格的从业人员,不得上岗作业	5	
		②从业人员应每年接受再培训,培训时间不得少于规定学时	5	
		③对离岗一年重新上岗、转换工作岗位的人员,应进行岗前培训。培训内容应包括安全法律法规、安全管理制度、岗位操作规程、风险和危害告知等,与新岗位安全生产要求相符合	5	
		④应对新员工进行三级安全教育培训,经考核合格后,方可上岗。培训时间不得少于规定学时	10 AR	
		⑤企业使用被派遣劳动者的,应纳入本企业从业人员统一管理,进行岗位安全操作规程和安全操作技能的教育和培训	5	
		⑥应在新技术、新设备投入使用前,对管理和操作人员进行专项培训	5	

续上表

评价类目	评价项目		标准分值	得分
六、教育培训(90分)	5. 规范档案	企业应当建立安全生产教育和培训档案,如实记录安全生产教育和培训的时间、内容、参加人员以及考核结果等情况	5	
七、风险管理(90分)	1. 一般要求	企业应依法依规建立健全安全生产风险管理制度,开展本单位管理范围内的风险辨识、评估、管控等工作,落实重大风险登记、重大危险源报备责任,防范和减少安全生产事故	10 AR	
	2. 风险辨识	①企业应制定风险辨识规则,明确风险辨识的范围、方式和程序	7	
		②风险辨识应系统、全面,并进行动态更新	5	
		③风险辨识应涉及所有的工作人员(包括外部人员)、工作过程和工作场所。安全生产风险辨识结束后应形成风险清单	5	
	3. 风险评估	①企业应从发生危险的可能性和严重程度等方面对风险因素进行分析,选定合适的风险评估方法,明确风险评估规则	3	
		②企业应依据风险评估规则,对风险清单进行逐项评估,确定风险等级	7	

续上表

评价类目	评 价 项 目		标准分值	得分
七、风险管理（90分）	4. 风险控制	①企业应根据风险评估结果及经营运行情况等，按以下顺序确定控制措施： a. 消除； b. 替代； c. 工程控制措施； d. 设置标志警告和（或）管理控制措施； e. 个体防护装备等	5	
		②企业应将安全风险评估结果及所采取的控制措施告知相关从业人员，使其熟悉工作岗位和作业环境中存在的安全风险，掌握、落实应采取的控制措施	8	
		③企业应建立风险动态监控机制，按要求对风险进行控制和监测，及时掌握风险的状态和变化趋势，以确保风险得到有效控制	5	
	5. 重大风险管控	①企业对重大风险进行登记建档，设置重大风险监控系统，制定动态监测计划，并单独编制专项应急措施	10 ★★	
		②企业应当在重大风险所在场所设置明显的安全警示标志，对进入重大风险影响区域的人员组织开展安全防范、应急逃生避险和应急处置等相关培训和演练	7	

续上表

评价类目	评价项目		标准分值	得分
七、风险管理(90分)	5. 重大风险管控	③企业应当将本单位重大风险有关信息通过公路水路行业安全生产风险管理信息系统进行登记,构成重大危险源的应向属地负有安全生产监督管理职责的交通运输管理部门备案	5 ★★★	
		④重大风险经评估确定等级降低或解除的,企业应于规定的时间内通过公路水路行业安全生产风险管理系统予以销号	3	
	6. 预测预警	①企业应根据生产经营状况、安全风险管理及隐患排查治理、事故等情况,运用定量或定性的安全生产预测预警技术,建立企业安全生产状况及发展趋势的安全生产预测预警机制	5	
		②当风险因素达到预警条件的,企业应及时发出预警信息,并立即采取针对性措施,防范安全生产事故发生	5	
八、安全技术管理(80分)	1. 施工组织设计	①企业应制定施工组织设计编制、审核、批准制度,明确责任部门和责任人	5	
		②施工组织设计中应有明确的安全技术措施	10 AR	
		③施工组织设计应按程序进行批准,并应由企业技术负责人签批	10 ★★★	
		④企业应严格按照审批过的施工组织设计执行,如有变更应按程序重新报批	10	

续上表

评价类目	评 价 项 目		标准分值	得分
八、安全技术管理(80 分)	2. 专项施工方案	①企业应制定危险性较大的分部分项工程专项施工方案的编制、审核、批准制度,并应建立方案的动态清单台账。专项施工方案应由企业技术负责人签批	10 ★★	
		②专项施工方案应按相关要求进行论证、审核、批准	10 AR	
	3. 科技应用	①企业宜组织开展安全生产科技攻关或课题研究,并应在年度财务预算中确定必要的资金投入	5	
		②企业应优先使用先进、安全、高效、节能的新技术、新工艺、新设备和新材料	5	
	4. 安全生产信息化	①企业宜建立安全生产管理信息系统	5	
		②企业对船舶、大型起重设备应按照规定设置动态监控系统	5	
		③企业对重点作业场所、工序、施工机械等宜设置远程监控系统	5	

续上表

评价类目	评 价 项 目		标准分值	得分
九、隐患排查和治理(90 分)	1. 隐患排查	①企业应落实隐患排查治理和防控责任制,组织事故隐患排查治理工作,实行从隐患排查、记录、监控、治理、销账到报告的闭环管理	10 ★★★	
		②企业应依据有关法律法规、标准规范等,组织制定各部门、岗位、场所、设备设施的隐患排查治理标准或排查清单,明确隐患排查的时限、范围、内容和要求,并组织开展相应的培训。隐患排查的范围应包括所有与生产经营相关的场所、人员、设备设施和活动,包括承包商和供应商等相关服务范围	10 AR	
		③生产经营单位应当建立事故隐患日常排查、定期排查和专项排查工作机制。日常排查每周应不少于 1 次,定期排查每半年应不少于 1 次,并根据政府及有关管理部门安全工作的专项部署、季节性变化或安全生产条件变化情况进行专项排查	10	
		④企业应填写事故隐患排查记录,依据确定的隐患等级划分标准对发现或排查出的事故隐患进行判定,确定事故隐患等级并进行登记,形成事故隐患清单。企业应将重大事故隐患向属地负有安全生产监督管理职责的交通运输管理部门备案	10 ★★★	

续上表

评价类目	评价项目		标准分值	得分
九、隐患排查和治理(90分)	2. 隐患治理	①对于一般事故隐患,企业应按照职责分工立即组织整改,确保及时进行治理	5	
		②对于重大事故隐患,企业主要负责人组织制定专项隐患治理整改方案,并确保整改措施、责任、资金、时限和预案"五到位"。整改方案应包括: a. 整改的目标和任务; b. 整改方案和整改期的安全保障措施; c. 经费和物资保障措施; d. 整改责任部门和人员; e. 整改时限及节点要求; f. 应急处置措施; g. 跟踪督办及验收部门和人员	5 AR	
		③企业在事故隐患整改过程中,应采取相应的监控防范措施,防止发生次生事故	10	
		④事故隐患整改完成后,企业应按规定进行验证或组织验收,出具整改验收结论,并签字确认。重大事故隐患整改验收通过的,企业应将验收结论向属地负有安全生产监督管理职责的交通运输管理部门报备,并申请销号	10 ★★★	

续上表

评价类目	评 价 项 目		标准分值	得分
九、隐患排查和治理(90分)	2. 隐患治理	⑤企业应对重大事故隐患形成原因及整改工作进行分析评估,及时完善相关制度和措施,依据有关规定和制度对相关责任人进行处理,并开展有针对性的培训教育	10	
		⑥企业应对事故隐患排查和治理情况如实记录,建立相关台账,并定期组织对本单位事故隐患治理情况进行统计分析,及时梳理、发现安全生产问题和趋势,形成统计分析报告,改进安全生产工作	10	
十、职业健康(50分)	1. 人身保险	①企业应为职工办理工伤保险	5	
		②企业应在作业期间为从事危险作业的人员办理意外伤害险	10 ★★	
		③企业应投保安全生产责任险	5	
	2. 职业危害告知和警示	企业应对从业人员进行职业危害书面告知和职业健康宣传培训	15 ★★★	
	3. 劳动保护	①企业应为从业人员提供符合职业健康要求的工作环境和条件,配备合格有效、符合安全生产要求的施工设施、设备、劳动防护用品及相关的安全检测器具等,并应留存相关记录	10 AR	
		②企业对可能造成职业危害的岗位应实行轮岗制度,或定期安排员工休假、疗养	5	

续上表

评价类目	评价项目		标准分值	得分
十一、安全文化(30分)		企业应通过宣传栏、企业网站和报刊等媒介宣传企业安全文化	30 ★	
十二、应急管理(100分)	1.预案制定	①企业应制定相应的生产安全事故应急预案并发布	20 ★★★	
		②应急预案应分为综合应急预案、专项应急预案和现场处置方案	20 ★★	
		③企业应定期评审应急预案,并应根据评审结果或实际情况的变化进行对应急预案及时修订和完善。应急预案至少每3年应修订一次,预案修订情况应有记录	15	
	2.预案实施	①企业应开展应急预案的宣传教育,普及生产安全事故预防、避险、自救和互救知识	15	
		②企业应开展应急预案培训活动,有关人员应掌握应急预案内容,熟悉应急职责、应急程序和应急处置方案	15 ★★★	
		③企业应制定应急预案演练计划,并应按计划组织演练。演练可通过实战演练、桌面推演等方式组织实施	15 ★★★	

续上表

<table>
<tr><th>评价类目</th><th colspan="2">评 价 项 目</th><th>标准分值</th><th>得分</th></tr>
<tr><td rowspan="3">十三、事故报告、调查与处理(80 分)</td><td>1. 事故报告</td><td>发生事故后,企业应按规定及时向事故发生所在地相关部门及企业主管单位报告,不得迟报、漏报、谎报或瞒报</td><td>30
★★★</td><td></td></tr>
<tr><td rowspan="2">2. 事故调查与处理</td><td>①接到事故报告后,企业应立即启动应急响应,迅速采取有效措施、组织抢救</td><td>25
AR</td><td></td></tr>
<tr><td>②发生事故后,企业有关领导和相关部门人员应立即赶赴现场,按规定成立事故调查组,积极配合各级人民政府组织的事故调查,并随时接受事故调查组的询问,如实提供有关情况</td><td>25</td><td></td></tr>
<tr><td rowspan="3">十四、绩效评定与持续改进(30 分)</td><td rowspan="2">1. 绩效评定</td><td>①企业应每年至少一次对本单位安全生产标准化的运行情况进行自评,验证各项安全生产制度措施的适宜性、充分性和有效性</td><td>10</td><td></td></tr>
<tr><td>②企业主要负责人应全面负责自评工作。自评应形成正式文件,并将结果向所有部门、所属单位和从业人员通报,作为年度评价的重要依据</td><td>10</td><td></td></tr>
<tr><td>2. 持续改进</td><td>企业应根据安全生产标准化管理体系的自评结果和安全生产预测预警系统所反映的趋势,以及绩效评定情况,客观分析企业安全生产标准化管理体系的运行质量,及时调整完善安全生产目标、指标、规章制度、操作规程等相关管理文件和过程管控,持续改进,不断提高安全生产绩效</td><td>10</td><td></td></tr>
</table>

评分说明:

1."★"为一级必备条件;"★★"为一、二级必备条件;"★★★"为一、二、三级必备条件,即所有一级企业必须满足一、二、三星要求,二级企业须满足二、三星要求，三级企业须满足三星要求。

2. 除满足上述星项要求外，带有标注“AR”（Additional requirements 的意思）的项目执行限制扣分要求，申请一级的企业该项目扣分分值不得超过该项分值的 10%，申请二级的企业该项目扣分分值不得超过该项分值的 25%，申请三级的企业该项目扣分分值不得超过该项分值的 40%，所有“★”项，二、三级企业按照“AR”项要求执行，所有“★★”项，三级企业按照“AR”项要求执行，所有评分项目中存在一项超过上述扣分要求的为达标建设不合格。

3. 所有指标中要求的内容，如评审企业不涉及此项工作或当地主管机关未要求开展的，视为不涉及项处理，所得总分按照千分制比例进行换算。如：某企业不涉及项分数为 100 分，对照千分表去除不涉及项得分为 720 分，则最终评价得分为 720 ÷ 900 × 1000 = 800 分。

4. 所有涉及抽查、询问人员的指标，如细则中无具体说明，抽查数量为总数的 10%，最低抽查数量为 5，最高抽查数量为 15，抽查的人员及车辆应具有代表性，每种类别车辆或人员必须要有抽样。

5. 评价得分：

对企业的评价包括企业总部及工程项目两部分，当所评价企业总部或工程项目不涉及此项工作或当地主管机关未要求开展的，视为不涉及项处理，所得总分按照千分制比例进行换算，例如：某企业不涉及项分数为 100 分，对照千分表去除不涉及项后得分为 720 分，则企业总部最终评价得分（A）为 720 ÷ 900 × 1000 = 800 分。

对企业所查工程项目评价分值的算术平均数即为项目部评价平均分值（B）。

企业总部分值（A）和所查施工项目评价平均分值（B）比重分别为 40% 和 60%，即企业评价最终得分为：A × 40% + B × 60%。

6. 既有公路工程又有水运工程施工的企业，公路工程、水运工程应分别抽查 2 ~ 4 个在建项目，所查项目宜覆盖多个专业，公路工程、水运工程分别只有 1 个在建项目的，可分别检查 1 个在建项目。

7. 单独有公路工程或水运工程的企业，应分别抽查 2 ~ 4 个在建项目，所查项目宜覆盖多个专业。只有单独 1 个在建项目的，可检查 1 个在建项目。

附件1 《交通运输企业安全生产标准化建设基本规范 第16部分：交通运输建筑施工企业》(JT/T 1180.16—2018)

交通运输企业安全生产标准化建设基本规范 第16部分：交通运输建筑施工企业(JT/T 1180.16—2018)

1 范围

JT/T 1180的本部分规定了交通运输建筑施工企业安全生产标准化建设的基本要求、通用要求，以及管理机构和人员、安全责任体系、资质、法律法规和安全管理制度、安全投入、安全技术管理、职业健康、安全文化、应急管理、事故报告、调查与处理等专业要求。

本部分适用于交通运输建筑施工企业开展安全生产标准化建设工作，以及对安全生产标准化建设的技术服务和评价工作。

2 规范性引用文件

下列文件对于本文件的应用是必不可少的。凡是注日期的引用文件，仅注日期的版本适用于本文件。凡是不注日期的引用文件，其最新版本(包括所有的修改单)适用于本文件。

JT/T 1180.1 交通运输企业安全生产标准化建设基本规范 第1部分：总体要求

3 术语和定义

下列术语和定义适用于本文件。

3.1

交通运输建筑施工企业 construction enterprises of transportation

具有独立法人资格,并直接从事公路水运工程施工等生产经营建设活动的施工企业。

4 基本要求

交通运输建筑施工企业(简称"企业")安全生产标准化建设的基本要求按 JT/T 1180.1 的有关规定执行。

5 通用要求

企业安全生产标准化建设的通用要求按 JT/T 1180.1 的有关规定执行。

6 专业要求

6.1 管理机构和人员

6.1.1 安全生产管理机构

6.1.1.1 企业应设置独立的安全生产监督管理部门。

6.1.1.2 企业每季度应至少召开一次安全生产委员会会议。

6.1.2 管理人员配备

6.1.2.1 企业应设置主管安全生产的负责人。

6.1.2.2 企业宜设置安全总监,安全总监宜持有国家注册安全工程师证书。

6.1.2.3 公路水运工程施工企业主要负责人和安全生产管理人员应持有相关部门、行业颁发的安全生产考核合格证书。

6.2 安全责任体系

6.2.1 企业主管生产的负责人应统筹组织生产过程中各项安全生产制度和措施的落实,完善安全生产条件,对企业安全生产工作负重要领导责任。

6.2.2 企业主管安全生产的负责人应协助企业安全生产第一责任人落实各项安全生产法律法规、标准,统筹协调和综合管理安全生产工作,对企业安全生产工作负综合管理领导责任。

6.2.3 企业技术负责人和其他负责人应按照分工抓好主管范围内的安全生产工作,对主管范围内的生产工作负领导责任。

6.2.4 企业从业人员应对本岗位工作范围内的安全生产工作负责。

6.3 资质、法律法规和安全管理制度

6.3.1 资质

6.3.1.1 企业的《资质证书》《安全生产许可证》等应合法有效，应在资质规定的范围内承包工程，不得超越承包范围。

6.3.1.2 企业宜通过安全生产管理体系等相关的认证。

6.3.2 法律法规与标准规范

企业每年应至少对适用的安全生产法律、法规、标准及其他要求文件进行一次符合性评价。

6.3.3 安全管理制度

6.3.3.1 企业应制定符合法律法规、标准、条例以及企业实际的安全管理制度，包括安全生产责任制、安全生产例会制度、安全生产检查制度、安全生产教育培训制度、安全生产费用管理制度、危险作业安全管理制度、相关方安全生产监督管理制度、隐患排查治理制度等。

6.3.3.2 企业应将安全生产管理制度发放到有关部门及岗位，及时将相关的制度传达给相关方。

6.3.4 制度执行及档案管理

6.3.4.1 企业应及时修订安全生产管理制度和操作规程，并应组织相关人员宣贯、学习修订后的安全生产管理制度和操作规程。

6.3.4.2 企业应建立安全生产各类管理台账和文件档案，并及时更新。

6.4 安全投入

6.4.1 资金投入

6.4.1.1 企业应编制年度安全费用提取和使用计划，计划中应包含企业总部计划和施工项目计划两部分内容。

6.4.1.2 安全生产费用的提取应以建筑安装工程造价为计提依据，提取标准应符合相关规定。

6.4.2 费用管理

6.4.2.1 企业安全费用的会计处理，应当符合国家统一的会计制度的规定。

6.4.2.2 企业相关监督职能部门应对企业年度安全生产费用提取和使用情况进行跟踪、监督检查。

6.5 安全技术管理

6.5.1 施工组织设计

6.5.1.1 企业应制定施工组织设计编制、审核、批准制度，明确责任部门和责任人。
6.5.1.2 施工组织设计中应有明确的安全技术措施。
6.5.1.3 施工组织设计应按程序进行批准，并应由企业技术负责人签批。
6.5.1.4 企业应严格按照审批过的施工组织设计执行，如有变更应按程序重新报批。

6.5.2 专项施工方案

6.5.2.1 企业应制定危险性较大的分部分项工程专项施工方案的编制、审核、批准制度，并应建立方案的动态清单台账。专项施工方案应由企业技术负责人签批。
6.5.2.2 专项施工方案应按相关要求进行论证、审核、批准。

6.5.3 科技应用

6.5.3.1 企业宜组织开展安全生产科技攻关或课题研究，并应在年度财务预算中确定必要的资金投入。
6.5.3.2 企业应优先使用先进、安全、高效、节能的新技术、新工艺、新设备和新材料。

6.5.4 安全生产信息化

6.5.4.1 企业宜建立安全生产管理信息系统。
6.5.4.2 企业对船舶、大型起重设备应按照规定设置动态监控系统。
6.5.4.3 企业对重点作业场所、工序、施工机械等宜设置远程监控系统。

6.6 职业健康

6.6.1 人身保险

6.6.1.1 企业应为职工办理工伤保险。
6.6.1.2 企业应在作业期间为从事危险作业的人员办理意外伤害险。
6.6.1.3 企业应投保安全生产责任险。

6.6.2 职业危害告知和警示

企业应对从业人员进行职业危害书面告知和职业健康宣传培训。

6.6.3 劳动保护

6.6.3.1 企业应为从业人员提供符合职业健康要求的工

作环境和条件，配备合格有效、符合安全生产要求的施工设施、设备、劳动防护用品及相关的安全检测器具等，并应留存相关记录。

6.6.3.2 企业对可能造成职业危害的岗位应实行轮岗制度，或定期安排员工休假、疗养。

6.7 安全文化

企业应通过宣传栏、企业网站和报刊等媒介宣传企业安全文化。

6.8 应急管理

6.8.1 预案制定

6.8.1.1 企业应制定相应的生产安全事故应急预案并发布。

6.8.1.2 应急预案应分为综合应急预案、专项应急预案和现场处置方案。

6.8.1.3 企业应定期评审应急预案，并应根据评审结果或实际情况的变化对应急预案及时进行修订和完善。应急预案应至少每三年修订一次，预案修订情况应有记录。

6.8.2 预案实施

6.8.2.1 企业应开展应急预案的宣传教育，普及生产安全事故预防、避险、自救和互救知识。

6.8.2.2 企业应开展应急预案培训活动，有关人员应掌握应急预案内容，熟悉应急职责、应急程序和应急处置方案。

6.8.2.3 企业应制订应急预案演练计划，并按计划组织演练。演练可通过实战演练、桌面推演等方式组织实施。

6.9 事故报告、调查与处理

6.9.1 事故报告

发生事故后，企业应按规定及时向事故发生所在地相关部门及企业主管单位报告，不得迟报、漏报、谎报或瞒报。

6.9.2 事故调查与处理

6.9.2.1 接到事故报告后，企业应立即启动应急响应，迅速采取有效措施、组织抢救。

6.9.2.2 发生事故后，企业有关领导和相关部门人员应立即赶赴现场，按规定成立事故调查组，积极配合各级人民政府组织的事故调查，并随时接受事故调查组的询问，如实提供有关情况。

附件 2　交通运输部关于印发《交通运输企业安全生产标准化建设评价管理办法》的通知

交安监发〔2016〕133 号

各省、自治区(直辖市)、长江航务管理局:

为深入贯彻落实《中华人民共和国安全生产法》,大力推进企业安全生产标准化建设,现将《交通运输企业安全生产标准化建设评价管理办法》印发给你们,请遵照执行。

交通运输部

2016 年 7 月 26 日

交通运输企业安全生产标准化建设评价管理办法

第一章　总　　则

第一条　为推进交通运输企业安全生产标准化建设,规范评价工作,促进企业落实安全生产主体责任,依据《中华人民共和国安全生产法》,制定本办法。

第二条　本办法适用于中华人民共和国境内交通运输企业安全生产标准化建设评价及其监督管理工作。

第三条　交通运输部负责全国交通运输企业安全生产标准化建设工作的指导，具体负责一级评价机构的监督管理。

省级交通运输主管部门负责本管辖范围内交通运输企业安全生产标准化建设工作的指导，具体负责二、三级评价机构的监督管理。

长江航务管理局、珠江航务管理局分别负责行政许可权限范围内的长江干线、西江干线省际航运企业安全生产标准化建设工作的指导，具体负责二、三级评价机构的监督管理（以上部门和单位统称为主管机关）。

第四条　交通运输企业安全生产标准化建设按领域分为道路运输、水路运输、港口营运、城市客运、交通运输工程建设、收费公路运营六个专业类型和其他类型（未列入前六种类型，但由交通运输管理部门审批或许可经营）。

道路运输专业类型含道路旅客运输、道路危险货物运输、道路普通货物运输、道路货物运输站场、汽车租赁、机动车维修和汽车客运站等类别；水路运输专业类型含水路旅客运输、水路普通货物运输、水路危险货物运输等类别；港口营运专业类型含港口客运、港口普通货物营运、港口危险货物营运等类别；城市客运专业类型含城市公共汽车客运、城市轨道交通运输和出租汽车营运等类别；交通运输工程建设专业类型含交通运输建筑施工企业和交通工程建设项目等类别；收费公路运营专业类型含高速公路运营、隧道运营和桥梁运营等类别。

第五条　交通运输企业安全生产标准化建设等级分为一级、二级、三级，其中一级为最高等级，三级为最低等级。水路危险货物运输、水路旅客运输、港口危险货物营运、城市轨道交通、高速公路、隧道和桥梁运营企业安全生产标准化建设等级不设三级，二级为最低等级。

交通运输企业安全生产标准化建设标准和评价指南，由交通运输部另行发布。

第六条　交通运输企业安全生产标准化建设评价工作应坚持“政策引导、依法推进、政府监管、社会监督”的原则。

第七条　交通运输企业安全生产标准化建设评价及相关工作应统一通过交通运输企业安全生产标准化管理系统（简称管理系统）开展。

第八条　交通运输部通过购买服务委托管理维护单位，具体承担管理系统的管理、维护与数据分析、评审员能力测试题库维护、评价机构备案和档案管理等日常工作。各省级主管机关可根据需要通过购买服务委托省级管理维护单位承担相关日常工作。

第九条　管理维护单位应具备以下条件：

（一）具有独立法人资格，从事交通运输业务的事业单位或经批准注册的交通运输行业社团组织；

（二）具有相适应的固定办公场所、设施和必要的技术条件；

（三）配有满足工作所需的管理和技术人员；

（四）3 年内无重大违法记录，信用状况良好；

（五）具有完善的内部管理制度；

（六）法律、法规规定的其他条件。

第十条　主管部门应与委托的管理维护单位签订合同或协议，明确委托工作任务、要求及相关责任。

第十一条　管理维护单位因自身条件变化不满足第九条要求或不能履行合同承诺的，主管机关应解除合同并及时向社会公告。

第二章　评　审　员

第十二条　评审员是具有企业安全生产标准化建设评价能力，进入评审员名录的人员。

第十三条　凡遵守法律法规，恪守职业道德，符合下列条件，通过管理系统登记报备，经公示 5 个工作日，公示结果不影响登记备案的，自动录入评审员名录。

（一）具有全日制理工科大学本科及以上学历；

（二）具备中级及以上专业技术职称，或取得初级技术职称 5 年以上；

（三）具有 5 年及以上申报专业类型安全相关工作经历；

（四）身体健康，年龄不超过 70 周岁；

（五）同时登记备案不超过 3 个专业类型；

（六）通过管理系统相关专业类型专业知识、技能和评价规则的在线测试；

（七）申请人 5 年内未被列入政府、行业黑名单或 1 年内未被列入政府、行业公布的不良信息名录；

（八）评审员承诺备案信息真实，考评活动中严格遵守国家有关法律法规，不弄虚作假、提供虚假证明，一旦违反，自愿退出交通运输企业安全生产标准化建设评价相关活动。

第十四条　评审员按专业类型自愿申请登记在一家评价机构后，方可从事交通运输企业安全生产标准化建设评价工作，登记完成后 12 个月内不可撤回。

第十五条　评审员应按年度开展继续教育学习，自登记备案进入评审员名录后，每 12 个月周期内均应通过管理系统进行继续教育在线测试。通过测试的，可继续从事企业安全生产标准化建设评价工作；未通过测试的，暂停参加评价活动，直至通过继续教育测试。继续教育测试不收取任何费用。

第十六条　部级管理维护单位应按年度发布评审员继续教育测试大纲，评审员年度继续教育测试大纲应包含以下内容：

（一）相关专业的安全生产法律、法规、标准规范；

（二）交通运输企业安全生产标准化建设有关新政策；

（三）应更新的安全生产专业知识。

第十七条　评审员个人信息变动应于5个工作日内通过管理系统报备。

第十八条　评审员向受聘的评价机构申请不再从事企业安全生产标准化建设评价工作，或年龄超过70周岁的，部管理维护单位应在5个工作日内注销其备案信息。

第三章　评 价 机 构

第十九条　评价机构是指满足评价机构备案条件，完成管理系统登记报备，从事交通运输企业安全生产标准化建设评价的第三方服务机构。

第二十条　评价机构分为一、二、三级。一级评价机构向交通运输部备案，二、三级评价机构向省级主管机关备案。

一级评价机构可承担申请一、二、三级的企业安全生产标准化评价工作，二级评价机构可承担备案地区申请二、三级的企业安全生产标准化评价工作，三级评价机构可承担备案地区申请三级的企业安全生产标准化评价工作。

第二十一条　凡符合以下条件，通过管理系统登记备案，经公示5个工作日，公示结果不影响登记备案的，自动录入评价机构名录。

（一）从事交通运输业务的独立法人单位或社团组织；

（二）具有一定的交通运输企业安全生产标准化建设评价或交通运输安全生产技术服务工作经历；

（三）具有相适应的固定办公场所、设施；

（四）具有一定数量专职管理人员和相应专业类型的自有评审员；

（五）初次申请一级评价机构备案，应已完成本专业类型二级评价机构备案1年以上，并具有相关评价经历；

（六）建立了完善的管理制度体系；

（七）单位或法定代表人3年内未被列入政府、行业黑名单或1年内未被列入政府、行业公布的不良信息名录；

（八）评价机构同一等级登记备案不超过3个专业类型；

（九）评价机构承诺备案信息真实，严格遵守国家有关法律法规，不弄虚作假、提供虚假证明，一旦违反，自愿退出交通运输企业安全生产标准化建设评价相关活动；

（十）满足其他法律法规要求。

以上第一至五款评价机构具体备案条件见附录A。

第二十二条 评价机构进入评价机构名录后，备案信息有效期5年，并向社会公布。备案信息公布内容应包含评价机构的名称、法定代表人、专业类型、等级、地址和印模、备案号和有效期等。

第二十三条 评价机构可在登记备案期届满前1个月通过管理系统进行延期备案，延期备案符合下列条件，经公示5个工作日后，结果不影响延期备案的，自动延长备案期5年。

（一）单位经营资质合法有效；

（二）未被主管机关列入公布的不良信息名录；

（三）满足该等级评价机构登记备案条件。

第二十四条 评价机构名称、地址或法定代表人变更，或从事专职管理和评价工作的人员变动累计超过25%的，应通过管理系统进行信息变更备案。

第二十五条 评价机构应不断完善内部管理制度，严格规范评价过程管理，并对评价和年度核查结论负责。

第二十六条 评价机构应按年度总结评价工作，于次年1月底前通过管理系统报管理维护单位，管理维护单位汇总分析后，形成年度报告报主管机关。

第二十七条 评价机构在妥善处置其负责评价和年度核查相关业务后，可向登记备案的管理维护单位申请注销其评价机构备案信息，管理维护单位核实相关业务处置妥善后应在5个工作日内完成备案注销工作，并通过管理系统向社会公布。评价机构申请注销的，2年内不得重新备案，所聘评审员自动恢复未登记评价机构状态。

第四章 评价与等级证明颁发

第二十八条 评价机构负责交通运输企业安全生产标准化建设评价活动的组织实施和评价等级证明的颁发。

第二十九条 交通运输企业安全生产标准化建设评价包括初次评价、换证评价和年度核查三种形式。

第三十条 交通运输企业安全生产标准化建设等级证明应按照交通运输部规定的统一样式制发，有效期3年。

第三十一条 已经通过低等级交通运输企业安全生产标准化建设评价的企业申请高等级交通运输企业安全生产标准化建设评价的，评价及颁发等级证明应按照初次评价的有关规定执行。

第三十二条 交通运输企业应根据经营范围分别申请相应专业类别建设评价，属同一专业类型不同专业类别的，可合并评价。

第三十三条 交通运输企业申请安全生产标准化建设评价应遵循以下规定：

(一)依照法律法规要求自主申请;

(二)自主选择相应等级的评价机构;

(三)评价过程中,向评价机构和评审员提供所需工作条件,如实提供相关资料,保障有效实施评价;

(四)有权向主管机关、管理维护单位举报、投诉评价机构或评审员的不正当行为。

第三十四条 交通运输企业在取得安全生产标准化等级证明后,应根据评价意见和标准要求不断完善其安全生产标准化管理体系,规范安全生产管理和行为,形成可持续改进的长效机制,并接受主管机关、评价机构的监督。

第一节 初次评价

第三十五条 申请初次评价应具备以下条件:

(一)具有独立法人资格,从事交通运输生产经营建设的企业或独立运营的实体;

(二)具有与其生产经营活动相适应的经营资质、安全生产管理机构和人员,并建立相应的安全生产管理制度;

(三)近1年内没有发生较大以上安全生产责任事故;

(四)已开展企业安全生产标准化建设自评,结论符合申请等级要求。

第三十六条 交通运输企业应通过管理系统向所选择的评价机构提出企业安全生产标准化建设评价申请,申报初次评价应提交以下资料:

(一)标准化建设评价申请表(样式由管理系统提供);

(二)法律法规规定的企业法人营业执照、经营许可证、安全生产许可证等;

(三)企业安全生产标准化建设自评报告。自评报告应包含:企业简介和安全生产组织架构;企业安全生产基本情况(含近3年应急演练、一般以上安全事故和重大安全事故隐患及整改情况);从业人员资格、企业安全生产标准化建设过程;自评综述、自评记录、自评问题清单和整改确认;自评评分表和结论等。

第三十七条 评价机构接到交通运输企业评价申请后,应在5个工作日内完成申请材料完整性和符合性核查。核查不通过的,应及时告知企业,并说明原因。评价机构对申请材料核查后,认为自身能力不足或申请企业存在较大安全生产风险时,可拒绝受理申请,并向其说明,记录在案。

第三十八条 企业申请资料核查通过后,评价机构应成立评价组,任命评价组长,制定评价方案,提前5个工作日告知当地主管机关后,满足下列条件,可启动现场评价。

(一)评价组评审员不少于3人,其中自有评审员不少于1人;

(二)评价组长原则上应为自有评审员,且具有2年和

8家以上同等级别企业安全生产标准化建设评价经历,3年内没有不良信用记录,并经评价机构培训,具有较强的现场沟通协调和组织能力;

(三)评价组应熟悉企业评价现场安全应急要求和当地相关法律法规和标准规范要求。

第三十九条 评价机构应在接受企业评价申请后30个工作日内完成对企业的现场评价工作,并提交评价报告。

第四十条 现场评价工作完成后,评价组应向企业反馈发现的安全事故隐患和问题、整改建议及现场评价结论,形成现场评价问题清单,问题清单应经企业和评价组签字确认。现场发现的重大安全事故隐患和问题应向负有直接安全生产监督管理职责的交通运输管理部门和相应的主管机关报告。

第四十一条 企业对评价发现的安全事故隐患和问题,在现场评价结束30日内按要求整改到位的,经申请,由评价机构确认整改合格,所完成的整改内容可视为达到相关要求;对于不影响评价结论的安全事故隐患和问题,企业应按评价机构有关建议积极组织整改,并在年度报告中予以说明。

第四十二条 评价案卷应包含下列内容:

(一)申请资料核查记录及结论;

(二)现场评价通知书(应包含评价时间、评价组成员等);

(三)评价方案;

(四)企业安全生产重大问题整改报告及验证记录;

(五)评价报告,包括现场评价记录、现场收集的证据材料、问题清单及整改建议、评价结论及评价等级意见;

(六)其他必要的评价证据材料。

第四十三条 评价机构应对评价案卷进行审核,形成评价报告(附评价综述、评价结论和现场发现问题清单)及其他必要的评价资料通过管理系统向管理维护单位报备。评价机构评价结论认为符合颁发评价等级证明的,应报管理维护单位向社会公示5个工作日;公示结果不影响评价结论的,评价机构应向企业颁发交通运输企业安全生产标准化评价等级证明。

第四十四条 企业对评价结论存有异议的,可向评价机构提出复核申请,评价机构应针对复核申请事项组织非原评审员进行逐项复核,复核工作应在接受企业复核申请之日起20个工作日完成,并反馈复核意见。企业对评价机构复核结论仍存异议的,可选择其他评价机构申请评价。涉及评价机构评价工作不公正和违规行为的,企业可向相应管理维护单位或主管机关投诉、举报。

第四十五条 交通运输企业安全生产标准化建设等级证明格式由交通运输部统一规定(附录B),证明应注明类型、类别、等级、适用范围和有效期等。

第四十六条 管理维护单位应在收到评价机构报备的评价等级证明、评价报告等资料5个工作日内，向社会公布获得交通运输企业安全生产标准化建设等级证明的企业和评价机构有关信息，接受社会监督。

第二节 换证评价

第四十七条 已经取得安全生产标准化评价等级证明的企业在证明有效期满之前可向评价机构申请换证评价，换证完成后，原证明自动失效。

第四十八条 企业申请换证评价时，应提交以下材料：

（一）企业法人营业执照、经营许可证等；

（二）原交通运输企业安全生产标准化建设等级证明；

（三）企业换证自评报告和企业基本情况、安全生产组织架构；

（四）企业安全生产标准化运行情况，以及近3年安全生产事故或险情、重大安全生产风险源及管控、重大安全事故隐患及治理等情况。

第四十九条 申请换证的企业在取得等级证明3年且满足下列条件，在原证明有效期满之日前3个月内可直接向评价机构申请换发同等级企业安全生产标准化建设等级证明：

（一）企业年度核查等级均为优秀（含换证年度）；

（二）企业未发生一般及以上等级安全生产责任事故；

（三）企业未发生被主管机关安全生产挂牌督办或约谈；

（四）企业安全生产信用等级评为B级以上；

（五）企业未违反其他安全生产法律法规有关规定；

（六）安全生产标准化建设标准发生变化的，年度核查或有关证据证明其满足相关要求。

第五十条 换证评价及等级证明颁发的流程、范围和方法按照初次评价的有关规定执行。

第三节 年度核查

第五十一条 企业取得安全生产标准化建设等级证明后，有效期内应按年度开展自评，自评时间间隔不超过12个月，自评报告应报颁发等级证明的评价机构核查。

第五十二条 评价机构对企业年度自评报告核查发现以下问题的，可进行现场核查：

（一）自评结论不能满足原有等级要求的；

（二）自评报告内容不全或存在不实，不能真实体现企业安全生产标准化建设实际情况的；

（三）企业生产经营状况发生重大变化的，包括生产经营规模、场所、范围或主要安全管理团队等；

（四）企业未按要求及时向评价机构报告重大安全事故隐患和较大以上安全生产责任事故的；

（五）相关方对企业的安全生产提出举报、投诉；

（六）企业主动申请现场复核。

第五十三条 评价机构应在企业提交年度自评报告15个工作日内完成自评报告年度核查，需进行现场核查的，应在30个工作日内完成。

第五十四条 年度核查结论分为不合格、合格和优秀三个等级评价，并通过管理系统向社会公开。企业安全生产标准化建设运行情况不能持续满足所取得的评价等级要求，或长期存在重大安全事故隐患且未有效整改的评为不合格；基本满足且对不影响评价结论的问题和重大安全事故隐患进行有效整改的评为合格；满足原评价等级所有要求，并建立有效的企业安全生产标准化持续改进工作机制，且运行良好，重大安全事故隐患和问题整改完成的，评为优秀。对于年度核查评为优秀，应由企业在年度自查报告中主动提出申请，经评价机构核查，包括进行现场抽查验证通过后，方可评为优秀。

第五十五条 评价机构对企业的年度核查评价在合格以上的，维持其安全生产标准化建设等级证明有效；年度核查评价不合格或未按要求提交自评报告的，评价机构应通知企业并提出相关整改建议，企业在30日内未经验收完成整改，或仍未提交自评报告，或拒绝评价机构现场复核的，评价机构应撤销并收回企业安全生产标准化建设等级证明，并通过管理系统向社会公告。

第五十六条 已经取得交通运输企业安全生产标准化建设等级证明的企业，在有效期内发现存在重大安全事故隐患或发生较大及以上安全生产责任事故的，应在10个工作日内向颁发等级证明的评价机构报送相关信息，评价机构可视情况开展企业安全生产标准化建设核查工作。

第五十七条 评价机构撤销企业安全生产标准化建设等级证明的，应通过管理系统向管理维护单位备案。

第四节 证明补发和变更

第五十八条 企业安全生产标准化建设等级证明遗失的，可向颁发等级证明的评价机构申请补发。

第五十九条 企业法定代表人、名称、经营地址等变更的，应在变更后30日内，向颁发等级证明的评价机构提供有关证据材料，申请对企业安全生产标准化评价等级证明的变更。

第六十条 评价机构发现申请安全生产标准化建设等

级证明变更的企业的安全生产条件发生重大变化，超出第四十九条情况的，可进行现场核实，核实结果不影响变更证明的，应予以变更，核实认为企业安全生产条件不满足维持原证明等级要求的，原证明应予以撤销并通过管理系统向社会公示。

第六十一条　评价机构应在接受企业提出的证明变更申请后30日内，完成证明变更。

第五章　监督管理

第六十二条　主管机关应加强对管理维护单位、评价机构和评审员的监督管理，建立健全日常监督、投诉举报处理、评价机构和评审员信用评价、违规处理和公示公告等机制，规范交通运输企业安全生产标准化建设评价工作。省级主管机关对日常监督管理工作中发现的一级评价机构存在的违法违规行为应通过管理系统上报。

第六十三条　主管机关应采取“双随机、一公开”的突击检查方式，组织抽查本管辖范围内从事相关业务的评价机构和评审员相关工作。抽查内容应包含：机构备案条件、管理制度、责任体系、评价活动管理、评审员管理、评价案卷、现场评价以及机构能力保持和建设等。

第六十四条　交通运输管理部门应将企业安全生产标准化建设工作情况纳入日常监督管理，通过政府购买服务委托第三方专业化服务机构，对下级管理部门及辖区企业推进企业安全生产标准化建设工作情况进行抽查，抽查情况应向行业通报。

第六十五条　已经取得交通运输企业安全生产标准化评价等级证明的企业，在有效期内发生重大及以上安全生产责任事故，或1年内连续发生2次以上较大安全生产责任事故的，评价机构应对该企业安全生产标准化建设情况进行核查，不满足原等级要求的，应及时撤销其安全生产标准化等级证明。事故等级按照《生产安全事故报告和调查处理条例》(国务院令第493号)和《水上交通事故统计办法》(交通运输部令2014年15号)确定。

第六十六条　负有直接安全生产监督管理职责的交通运输管理部门应对企业安全生产标准化建设评价中发现的重大安全事故隐患及时进行核查，确认后责令企业立即整改，并依法依规追究相应人的责任。

第六十七条　主管机关应建立投诉举报渠道，公布邮箱、电话，接受实名投诉举报。

第六十八条　主管机关接到有关企业安全生产标准化建设评价实名举报或投诉的，经确认举报或投诉事项是属本单位管辖权限，应在60个工作日内完成调查核实处理，并将处理意见向举报人反馈。

第六十九条 投诉举报第一接报主管机关对确认不属本单位管辖权限的,应在5个工作日内告知举报人,并建议其向具有管辖权限的主管机关举报。

第七十条 评审员、评价机构违背承诺,其备案信息经核实存在弄虚作假的,管理维护单位应在3个工作日内将其列入黑名单,并通过管理系统向社会公告。

第七十一条 管理维护单位应对评审员、评价机构发生的违规违纪和违反承诺等失信行为,依据评审员、评价机构信用扣分细则(见附录C)进行记录。

第七十二条 评审员、评价机构信用等级按其扣分情况分为AA、A、B、C、D共5个等级,未扣分的为AA;扣1~2分的为A;扣3~8分的为B;扣9~14分的为C;扣15~19分的为D;信用扣分超过20分(含20分)的列入黑名单。以上信用扣分按近3年扣分累计。

第七十三条 部管理维护单位应通过管理系统,按年度向社会公布管辖范围内一级评价机构、评审员3年内违规行为和信用等级汇总情况,以及评价机构所颁发等级证明的企业及其近5年发生等级以上安全生产事故情况。评审员发生信用扣分的,管理维护单位应告知评审员登记的评价机构。

省级管理维护单位应通过管理系统,按年度向社会公布管辖范围内二、三级评价机构,以及评价机构所颁发等级证明的企业及其近5年发生等级以上安全生产事故情况。

第七十四条 交通运输管理部门应将交通运输企业安全生产标准化建设情况和评价结果纳入企业安全生产信用评价范围,鼓励引导交通运输企业积极开展安全生产标准化建设。

第七十五条 交通运输管理部门应加强对企业安全生产标准化评价结果应用,作为实施分级分类、差异化监管的重要依据;对安全生产标准化未达标或被撤销等级证明的企业应加大执法检查力度,予以重点监管。客运、危险货物经营企业安全生产标准化建设评价及年度核查情况应作为企业经营资质年审和运力更新、新增审批、招投标的安全条件重要参考依据。

第七十六条 主管机关和管理维护单位的工作人员发生失职渎职的,应按规定追究相关责任人责任;评价机构的工作人员和评审员发生弄虚作假、违法违纪行为,依法依规追究相关人员法律责任。

第六章 附 则

第七十七条 交通运输企业安全生产标准化是指企业通过落实安全生产主体责任,全员全过程参与,建立安全生产各要素构成的企业安全生产管理体系,使生产经营各环节符合安全生产、职业病防治法律、法规和标准规范的要求,人、机、环、管处于受控状态,并持续改进。

第七十八条 交通运输企业安全生产标准化建设评价是指企业安全生产标准化评价机构,依据相关法律法规和企业安全生产标准化建设标准,评价企业安全生产标准化建设情况,对评价过程中发现安全生产的问题,提出整改建议,是促进企业安全生产标准化建设工作的重要方式。

第七十九条 对企业所实施的安全生产标准化建设评价,不解除企业遵守国际、国内有关安全生产法律法规的责任和所承担的企业安全生产主体责任。

第八十条 航运企业已建立安全管理体系并取得符合证明(DOC)的,视同满足企业安全生产标准化二级达标水平。

第八十一条 省际运输企业是指从事省际间道路或水路运输的交通运输企业。

第八十二条 自有评审员是指与受聘评价机构签订正式劳动合同,且受聘评价机构已为其连续缴纳1年以上社保的人员。

第八十三条 本办法所称企业是指从事公路、水路交通运输的生产经营单位,包括直接从事生产经营行为的事业单位。

第八十四条 省级主管机关未委托管理维护单位的,本管理办法涉及的相关工作由其承担。

第八十五条 管理系统由交通运输部统一开发,委托管理维护单位负责日常维护。

第八十六条 本办法自发布之日实施,有效期5年。《关于印发交通运输企业安全生产标准化考评管理办法和达标考评指标的通知》(交安监发〔2012〕175号)及《关于印发交通运输企业安全生产标准化相关实施办法的通知》(厅安监字〔2012〕134号)同时废止。

附录 A

评价机构登记备案条件

序号	条件	要求			备注
		一级	二级	三级	
1	固定办公场所面积	不少于 300m^2	不少于 200m^2	不少于 100m^2	需提供房屋产权证明或 1 年以上的租赁合同
2	专职管理人员	不少于 8 人	不少于 5 人	不少于 3 人	需提供人员正式劳务合同(事业单位需提供加盖单位公章的人员在职证明),连续 1 年以上的单位代缴纳的纳税证明和社保缴费证明
3	自有评审员	不少于 30 名本专业自有评审员	不少于 12 名本专业自有评审员	不少于 6 名本专业自有评审员	
4	高级职称人员	不少于 10 人	不少于 3 人	不少于 2 人	高级职称是指国家认可的从事管理、技术、生产、检验和评估评价的高级技术人员,但不含高级经济师、高级政工师等非相关职称
5	工作经验	1. 至少具备 5 年以上从事交通运输相关业务领域咨询服务工作的经验; 2. 至少具备 1 年以上二级评价机构备案经历; 3. 已评价一定数量本专业二级企业	1. 至少具备 3 年以上从事交通运输相关业务领域咨询服务工作的经验; 2. 至少具备 1 年以上三级评价机构备案经历; 3. 已评价一定数量本专业三级企业	至少具备 3 年以上从事交通运输相关业务领域咨询服务工作的经验	评价机构申请备案一级资质需评价二级企业家数(新增专业类型不需要): 道路运输:200 家;水路运输:80 家;港口营运:50 家; 城市客运:100 家;交通工程建设:100 家。 评价机构申请备案二级资质需评价三级企业家数(新增专业类型不需要)由各省主管机关确定

注:上述条件为单个专业类型登记备案条件,本办法实施前已经取得评价机构证书的评价机构备案不受此条件限制;已经完成其他类型评价机构备案,增加评价机构备案类型的,不要求具有下一级评价机构备案及相关要求。二、三级评价机构备案条件为最低要求,各省级主管机关可根据具体情况参照设定相应备案条件。

附录 B

交通运输企业
安全生产标准化建设
等级证明
企业名称：
证书编号：YYYY—TA—XXXXX
有 效 期：YYYY年MM月DD日至YYYY年MM月DD日
中华人民共和国交通运输部制
经营类型：
证书类别：
达标等级：
适用范围：
备注：
年度核查
评价机构年度核查结论：
201X年
评价机构年度核查结论：
201X年
（正本/副本）
评价机构（盖章）：
年 月 日

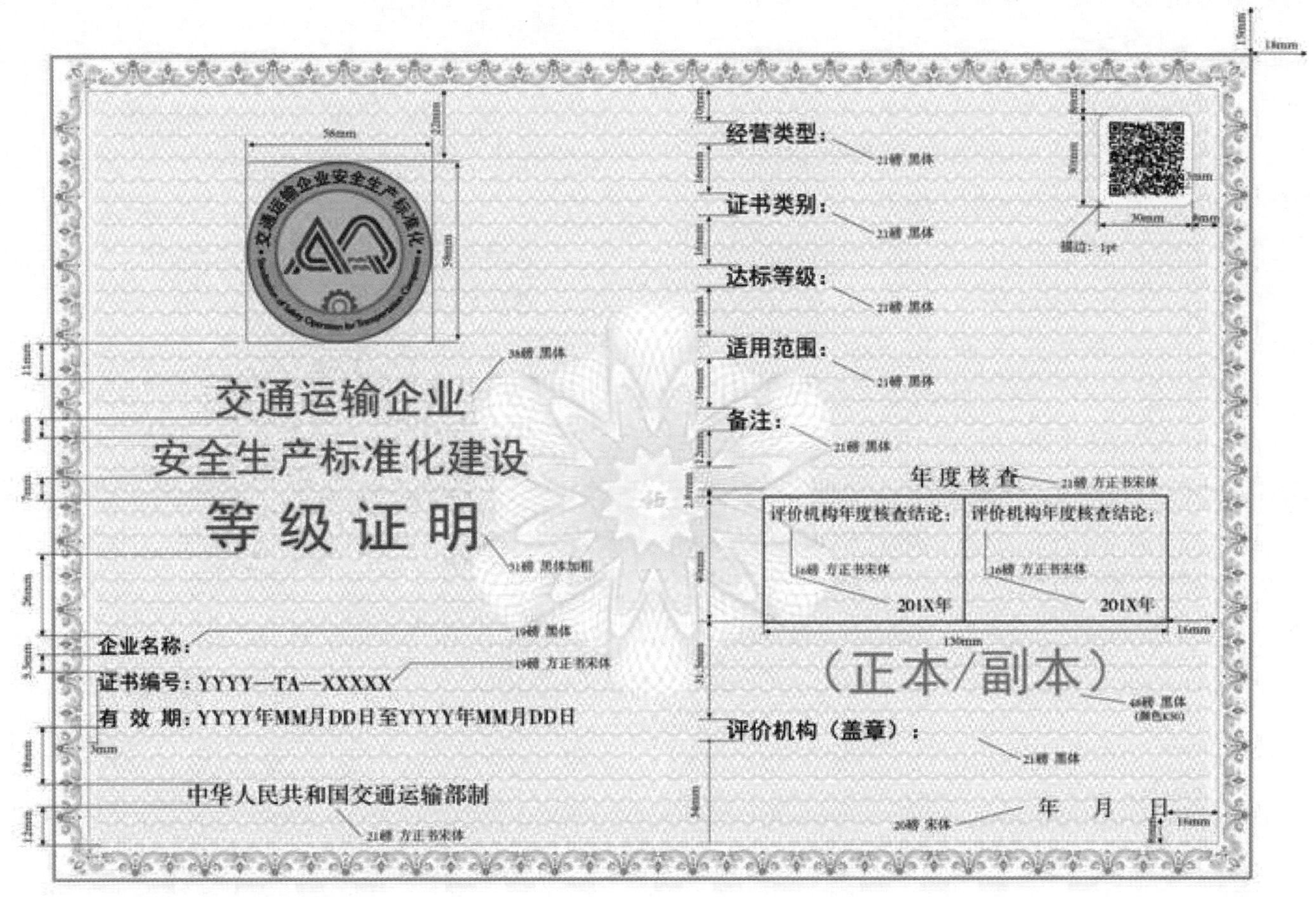

证明格式及编号说明

1. 等级证明纸张大小为420mm×297mm(A3),带底纹。

2. 证明编号格式为 YYYY—TA—XXXXXX。YYYY 表示年份;TA 表示负责颁发等级证明的评价机构监督管理的省级以上管理维护单位(01 表示交通运输部,02 表示北京市,03 表示天津市,04 表示河北省,05 表示山西省,06 表示内蒙古自治区,07 表示辽宁省,08 表示吉林省,09 表示黑龙江省,10 表示上海市,11 表示江苏省,12 表示浙江省,13 表示安徽省,14 表示福建省,15 表示江西省,16 表示山东省,17 表示河南省,18 表示湖北省,19 表示湖南省,20 表示广东省,21 表示海南省,22 表示广西壮族自治区,23 表示重庆市,24 表示四川省,25 表示贵州省,26 表示云南省,27 表示西藏自治区,28 表示陕西省,29 表示甘肃省,30 表示青海省,31 表示宁夏回族自治区,32 表示新疆维吾尔自治区,33 表示新疆生产建设兵团,34 表示长江航务管理局,35 表示珠江航务管理局);XXXXXX 表示序列号。

3. 经营类别分为道路客运运输、道路危险货物运输、道路普通货物运输、道路货物运输站场、汽车租赁、机动车维修、汽车客运站、水路客运运输、水路普通货物运输、水路危险货物运输、港口客运、港口普通货物营运、港口危险货物营运、城市公共汽车客运、城市轨道交通运输、出租汽车营运、交通运输建筑施工企业、交通工程建设项目、收费高速公路、隧道和桥梁运营等类别。

4. 评价等级分一级、二级、三级 3 个级别。

5. 评价机构颁发等级证明印章使用圆形封口章,名称统一为“＊＊＊企业安全生产标准化评价专用章”,“＊＊＊”为颁发等级证明的评价机构名称,“达标专用章”封口。

6. 证明电子模板可在管理系统下载。

7. 证明正本 1 份,副本 3 份。

附录 C

评审员评价机构信用扣分细则

一、评审员发生下列情形的，信用分值扣1分：

（一）管理维护单位对评审员评价能力、评价技巧、抽样或流程符合性提出质疑的；

（二）评审员信息发生变更，未按照规定办理变更手续的；

（三）经核实，评价期间不遵守有关纪律，迟到或提早离场的；

（四）未按评价计划实施现场评价，但不影响评价过程的。

二、评审员发生下列情形的，信用分值扣2分：

（一）以个人名义或未经评价机构同意，开展与评价相关活动；

（二）近3年内，管理维护单位对评审员评价能力、评价技巧、抽样或流程符合性提出质疑2次的评审员；

（三）近3年内，评审员参与评价的企业有20%～30%发生一般等级以上安全生产责任事故；

（四）近3年内，评审员参与评价的企业发生了1起一般安全生产责任事故，且事故调查确定的直接原因在评价时已经存在，但评价中未识别或指出；

（五）未按评价计划实施现场评价，影响评价过程的。

三、评审员发生下列情形的，信用分值扣5分：

（一）与申请评价的企业存在利害关系的，未回避的；

（二）近3年内管理维护单位对评审员评价能力、评价技巧、抽样或流程符合性提出质疑3次及以上的评审员；

（三）非故意泄露企业技术和商业秘密，未造成严重后果的；

（四）近3年内，评审员参与评价的企业有30%～50%发生一般等级以上安全生产责任事故；

（五）近3年内，评审员参与评价的企业发生了1起较大安全生产责任事故，且事故调查确定的直接原因在评价时已经存在，但评价中未识别或指出。

（六）受到主管部门通报批评的。

四、评审员发生下列情形的，信用分值扣10分：

（一）评价活动中为第三方或个人谋取利益，但不构成违法的；

（二）未按要求如实反映企业重大安全事故隐患或风险的；

（三）允许他人借用自己的名义从事评价活动的；

（四）近3年内，评审员参与评价的企业有50%以上发生一般等级以上安全生产责任事故；

（五）近3年内，评审员参与评价的企业发生了1起重大上安全生产责任事故，且事故调查确定的直接原因在评价时已经存在,但评价中未识别或指出。

五、评审员发生下列情形的,信用分值扣20分:

(一)登记备案条件弄虚作假的;

(二)评价活动中,存在重大违法、违规、违纪行为,构成违法的;

(三)评价活动中为第三方或个人谋取利益,情节特别严重的;

(四)评价工作中弄虚作假的,结果影响评价结论的;

(五)近3年内,评审员参与评价的企业发生了1起特别重大安全生产责任事故,且事故调查确定的直接原因在评价时已经存在,但评价中未识别或指出;

(六)故意泄露企业技术和商业秘密,或泄露企业技术和商业秘密造成严重后果的;

(七)被列入省部级以上黑名单的。

六、评价机构发生下列情形的,信用分值扣1分:

(一)逾期30日未提交年度工作报告;

(二)不按规定程序和要求开展评价活动的;

(三)内部档案管理制度不健全或重要考评记录文件缺失的(每缺失1件扣1分);

(四)未按评价计划实施现场评价,但不影响评价过程的;

(五)允许不具备评价能力人员参与评价活动的;

(六)近3年内,评价机构所评价的企业有20%~30%发生一般等级以上安全生产责任事故。

七、评价机构发生下列情形的,信用分值扣5分:

(一)未按要求如实反映企业重大安全事故隐患或风险的;

(二)未及时向管理维护单位报备评价结果的;

(三)泄露企业技术和商业秘密的,未构成后果的;

(四)评价机构评价结果或年度核查不符合实际情况;

(五)利用评价活动,谋取其他利益的;

(六)近3年内,评价机构所评价的企业有30%~50%发生一般等级以上安全生产责任事故;

(七)近3年内,评价机构所评价的企业发生了1起较大安全生产责任事故,且事故调查确定的直接原因在评价时已经存在,但评价中未识别或指出。

八、评价机构发生下列情形的,信用分值扣10分:

(一)评价工作中隐瞒或应发现而未发现企业重大安全事故隐患或风险;

(二)泄露企业技术和商业秘密的,造成较轻后果的;

(三)分包转包评价工作的;

(四)利用评价活动,强制谋取其他利益的;

(五)评价活动的专业类型不符合本办法要求或超范围评价的;

（六）评价机构或其法定代表人被主管部门通报批评的；

（七）近3年内，评价机构所评价的企业有50%以上发生一般安全生产责任事故；

（八）近3年内，评价机构所评价的企业发生1起重大安全生产责任事故，且事故调查确定的直接原因在评价时已经存在，但评价中未识别或指出。

九、评价机构发生下列情形的，信用分值扣20分：

（一）登记备案条件弄虚作假的；

（二）评价工作中弄虚作假，或应发现而未发现企业重大安全事故隐患或风险，导致隐患未消除或风险未得到有效控制，发生等级以上责任事故的；

（三）采取不正常竞争措施，严重影响市场秩序的；

（四）泄露企业技术和商业秘密的，造成严重后果的；

（五）评价机构相关条件低于首次备案条件，督办整改不合格的；

（六）近3年内，评价机构所评价的企业发生1起特别重大安全生产责任事故，且事故调查确定的直接原因在评价时已经存在，但评价中未识别或指出；

（七）评价机构或其法人被列入省部级以上黑名单的；

（八）按照有关法规、规定，应予以撤销的。

以上信用扣分细则，逐条逐次累计。交通运输部安委会办公室可根据安全生产信用体系建设和企业安全生产标准化建设情况适时调整。